KRISTINA ZIEMER-FALKE | JÖRG ZIEMER

LIFE-DOG-BALANCE

So sind die Bedürfnisse von
Mensch und Hund
täglich im Gleichgewicht

KRISTINA ZIEMER-FALKE | JÖRG ZIEMER

LIFE-DOG-BALANCE

So sind die Bedürfnisse von
Mensch und Hund
täglich im Gleichgewicht

Ein Wort zuvor	7

Mit dem Hund in Balance leben — 8

Stress – so gehen Sie entspannt damit um …	10
Werden Sie aktiv	12

Hundetypen unter der Lupe — 18

Sind Beagle nicht erziehbar und Labradore immer verfressen?	20
Zucht hat einen Grund	21
Von Hunde- und Menschentypen	28
Frauen und Männer im Hundetraining	34
Welcher Führungsstil ist der richtige für Ihren Hund?	40
Führung heißt Sicherheit vermitteln	41
Und noch ein Wort zur Bindung	48
Die Bindung stärken	50

Kommunikation ist immer das A und O — 53

Ihr persönliches Glücksrad	54
Lenken, mit »Leitplanken«	55
Wie sag ich's meinem Hund?	72
Übung: Nimmt Ihr Hund Sie wahr?	76
Üung: Nachfragen und freigeben	80
Übung: Griff ans Geschirr	84
Rituale in Alltag und Training	86
Übung: Aktive Pause für Sie beide	90
Übung: Entspannung auf Signal	92
Welcher Hundetyp braucht welches Ritual?	94

Wichtige Basics im Umgang mit Ihrem Hund — 99

So lernen Hunde am einfachsten	100
Motivation ist alles	101
Hundeerziehung ist auch Einstellungssache	106

Life-Dog-Balance
Alltag werden lassen 111

Werden Sie mit Ihrem Hund aktiv 112
Die Komfortzone verlassen 113

Entspannung im Alltag durch Filtern
der »Nachrichten« 118
Falsch oder wahr? 117

Der Hund darf mit zum Arbeitsplatz 120
Übung: Auf der Decke bleiben 124

So wird das Alleinsein zur
Entspannung pur 120
Übung: Allein bleiben 128

Mit dem Hund entpannt
spazieren gehen 120
Übung: Laufen an lockerer Leine 134

Ein Reh – ich bin dann mal weg 136
Übung: Richtig markern 140

Aggressives Verhalten gegenüber
anderen Hunden 142
Übung: Gefühle verändern 144

Mit dem Hund zusammen auf
Reisen gehen 146
Übung: Sicherheit für Ihren Hund 148

Der Hund im Café oder Restaurant 150
Übung: Mit »Fuß« überall hin 152

Lebensumfeld: von Citydogs
und Landeiern 154
Hunde in der Stadt 155
Hunde auf dem Land 156
Übung: Warten lohnt sich 158

Und jetzt zurücklehnen
und entspannen 160

Balsam für Körper und Seele –
Wellness auf sechs Beinen 162

Anhang 170

Register 170
Adressen/Literatur 173
Die Autoren 174
Impressum 176

Ein Wort zuvor

Zieht ein Hund ein, soll er Ihr Leben bereichern! Man malt sich die schönsten Gemeinsamkeiten mit dem Vierbeiner aus – doch auch »Überraschungen« und »Troubleshooting« sind oft mit an Bord.

Hunde zu halten, bedeutet neben einem Mehr an Lebensfreude und gemeinsamem Spaß auch mehr Hundehaare, Verantwortung, Stress, Multitasking-Fähigkeit, erhöhte Messlatten in Bezug auf allen gerecht zu werden, schlechtes Gewissen und den Wunsch, alles spielend zu managen: Karriere, Job, Familie, Kinder, das Haus, den Hof – und den Hund natürlich. Klappt doch im Fernsehen auch so wunderbar …
Bemüht und motiviert erleben Sie Ihren Alltag. Doch: Sie treffen auf Hürden, die hin und wieder unüberwindbar erscheinen. Vielleicht möchten Sie sogar aufgeben und stellen sich insgeheim die Frage, ob das mit dem Hund wirklich eine so gute Idee war …

Ja, das war sie! Und jetzt kommen wir ins Spiel! Wir sind nämlich nicht nur Hundetrainer und bilden diese aus, sondern auch Hundehalter. Und glauben Sie uns: Bei seinen eigenen Hunden – wir haben zwei – ist auch ein guter Hundetrainer »nur« ein Hundehalter und durchlebt Stress, wie jeder andere Hundehalter auch. Daneben haben wir fünf Kinder und viele verschiedene Tiere. Wir können gut nachvollziehen, wie es Ihnen an manchen Tagen geht, und Sie das Gefühl haben: »Heute ging überhaupt nichts, und zur Krönung hat mein Hund auch noch den Nachbarshund angepöbelt« (was er jedoch nicht macht, wenn Sie in besserer Stimmung sind).
Aus diesem Tief möchten wir Sie und Ihren Hund herausholen! Es ist uns ein großes Bedürfnis, Ihnen Wege aufzuzeigen, wie Sie Ihren Alltag gemeinsam mit Ihrem Hund und familiengerecht gestalten können! Alle Tipps aus diesem Buch sind leicht umsetzbar, sodass Sie wieder mit sich und Ihrem Umfeld in Einklang kommen und lächelnd behaupten können: »Life-Dog-Balance«, also Leben, Hund und Entspannung. Starten und entspannen Sie auf Ihrem Sofa. Genießen Sie eine Tasse Tee und kraulen Sie dabei Ihren vierbeinigen Freund, während Sie sich in dieses Buch vertiefen und Ihr Alltag ein wenig leichter wird …

Wir wünschen Ihnen viel Spaß, Erfolg und Gelassenheit an jedem Tag.

**Herzlich
Ihre Kristina Ziemer-Falke und
Jörg Ziemer**

Mit dem Hund in Balance leben

Ihr Hund ist eine Bereicherung in Ihrem Leben – nehmen Sie sich die Zeit und Liebe für Sie beide. Achten Sie auf Ihren vierbeinigen Freund, der Sie in guten und in schlechten Zeiten begleiten wird.

Stress – so gehen Sie ganz entspannt damit um ...

Stress scheint gefühlt an jeder Ecke auf Sie und Ihren Hund zu warten. Zeigen Sie dem Stress die Rote Karte, damit er nicht überhandnimmt und Sie beide das Leben in vollen Zügen genießen können.

Finden Sie Ihre Life-Dog-Balance und gönnen Sie sich und Ihrem Hund genügend entspannte Zeit. Das Schöne daran ist, dass dies überhaupt nicht schwierig ist. Sie müssen sich lediglich darüber bewusst werden, dass Sie sich und Ihrem Hund eine gemeinsame »Quality time« – Zeit für Sie beide – einrichten sollten. Kleine Auszeiten im Alltag, bei denen Sie sich besinnen können, warum Sie sich für Ihren Hund entschieden haben und dankbar dafür sind. Natürlich lieben Sie Ihren Hund, aber oft wünschen sich Hundehalter, die Zeit mit Vierbeiner noch bewusster zu durchleben..

Stimmen Sie sich in Ihren neuen Alltag ein

Kommt der Alltag – kommt die Routine. Das ist immer so, im Job, im Privatleben, im Haushalt. Leider bleibt die Beziehung zwischen Ihnen und Ihrem Hund nicht unversehrt davon. Folglich ist in Ihrem gemeinsamen Alltag nicht nur Sonnenschein vorhanden, sondern es gibt auch »nervige« Punkte. Ein Klassiker für viele Hundehalter ist ein schlechtes Gewissen, das sich einstellt, wenn der Hund an den einen oder anderen stressigen Tagen zu kurz kommt. Oft sind es auch die verrückten Ideen und Kleinigkeiten, die der Hund an den Tag legt und uns an manchen Tagen schmunzeln oder verzweifeln lassen. Das können Dinge sein, wie das Durchwühlen Ihres liebevoll gestalteten Blumenbeets, obwohl Sie Ihrem Hund schon zigmal erklärt haben, dass Sie das nicht wollen. Genauso steht es mit dem Pöbeln an der Leine, dem Anknurren der Nachbarn und dem Futterbetteln abends am Tisch, worüber sich Ihr Partner immer besonders aufregt, Sie dies jedoch irgendwie »süß« finden.

Sie merken, als Hundehalter sitzt man irgendwie immer zwischen zwei Stühlen. Damit ist Schluss, denn wir kümmern uns nun um die kleinen und großen Katastrophen, die Sie mit Ihrem Hund gemeinsam angehen können, um Ihren Alltag stressfrei zu genießen. Probieren Sie unsere Tipps aus, stürzen Sie sich ins Training und hören Sie vor allem immer in sich hinein, ob ein Tipp oder eine Übung zu Ihnen und Ihrem Alltag passt. Das ist bereits der erste wichtige Punkt. Egal, wie viele gute Ratschläge Sie aus Büchern, von Hundehaltern, Trainern usw. bekommen. Aktivieren Sie zuerst stets Ihr Bauchgefühl und hinterfragen Sie, ob das vorgeschlagene Training Sinn für Ihren Hund und Sie macht! Sie werden Ihr Leben nur entspannen können, wenn Sie hinter den von Ihnen gewählten Ansätzen stehen. Eine gute Orientierung könnte sein, dass …

- Ihr Hund Spaß an den Veränderungen/ dem Training hat.
- auch Sie mit Freude dabei sind.
- Ihr gemeinsames Vorhaben Erfolg und Entspannung bringt und sich die Bindung zueinander verbessert.

Ziel sollte es sein, dass Sie und Ihr Hund den Alltag als Bereicherung sehen und jeden Tag zusammen genießen.

Hunde brauchen viel Schlaf. Das sollten Sie nicht unterschätzen und Ihrem Liebling Pausen gönnen.

Auch Sie benötigen Auszeiten. Es ist völlig in Ordnung, wenn sich Ihr Hund auch mal alleine beschäftigt.

Werden Sie aktiv und genießen Sie Ihre Erfolge

Mit den Tipps und Übungen, die wir Ihnen vorstellen, können Sie sofort loslegen. Sie brauchen ein entspanntes Umfeld – achten Sie darauf, dass Sie sich in dem Raum wohlfühlen, in welchem Sie sich um sich und Ihren Hund kümmern. Nehmen Sie Papier und Stift zur Hand. Gehen Sie im Geiste den Alltag mit Ihrem Hund durch. Notieren Sie, was Ihnen gefällt und was Sie stört. Legen Sie eine Pro- und Kontraliste an. Machen Sie sich keine Sorgen, wenn sich viele Dinge auf der Kontraliste ansammeln. Sie werden jeden Punkt verbessern können, aber der erste Schritt ist das bewusste Wahrnehmen. Denn mal Hand aufs Herz: Wie oft schicken uns unser Unterbewusstsein und Bewusstsein viele kleine Infos, was wir mal verbessern müssten, diese aber im Trubel des Alltags gern verdrängen. Wir sind uns sicher, dass wir das später erledigen – aber wann ist später? Und bis später endlich erreicht ist, füttern wir unseren Stresspegel ungewollt mit jeder Menge Stresshormonen, die Sie unter Druck setzen und Ihr schlechtes Gewissen steigen lassen. Viel besser ist es, direkt herauszufinden, was Sie in Ihrem Hundealltag lieben oder verbessern möchten. Somit ist bereits der erste Schritt getan.

Ihre noch nicht sortierten und das eine oder andere Mal unsanft zur Seite geschubsten Gedanken dürfen nun raus aus Ihrem Kopf, werden sowohl schriftlich als auch visuell dargestellt. Für Ihr Gehirn und zum (Um-)Lernen eine tolle Möglichkeit, sich schnell neue Alltagsrituale anzueignen.

Der Tagesablauf

Gehen Sie Ihren Alltag nun chronologisch durch. Ihr Wecker klingelt, Sie werden wach. Was sind Ihre ersten Gedanken? Wann kommt Ihr Hund ins Spiel? Schläft er, oder ist der Wecker für ihn das Zeichen zum morgendlichen Ins-Bett-Springen? Wollen Sie das, oder tut er das einfach? Wenn Sie das wollen, kommt das schon mal auf die Pro-Seite; wenn Ihr Hund das einfach macht und Sie viel lieber zuerst eine Tasse Kaffee trinken möchten, schreiben Sie das auf die Kontra-Seite.

Eine kleine Liste zur Orientierung soll Ihnen helfen, an Dinge zu denken, die sich in Ihrem Alltag bereits eingeschlichen haben, Sie aber Gefahr laufen, »betriebsblind« zu werden. Ergänzen Sie Ihre Liste bitte unbedingt weiter und erstellen Sie sie individuell:

- »Barney« springt morgens in mein Bett, kuscheln ist toll, aber seinen Mundgeruch mag ich nicht.
- Ich mag es, wenn er vor dem Badezimmer liegt und trotz meiner morgendlichen Hektik ruhig liegen bleibt, egal, wie oft ich über ihn steigen muss.
- Mich nervt es, dass er schon vor der ersten Gassirunde nervös vor mir herspringt. Auch bellt er dabei und das sind Dinge, die mich stressen, weil meine Nachbarn absolut keine Hundefreunde sind.

> ### Tipp
> *Führen Sie ein Erfolgsbuch*
>
> Halten Sie Ihre Ideen, Ihr Entspannungslevel und Ihre Umsetzung im Training mit dem Hund von Beginn an schriftlich fest. Dokumentieren Sie Ihre Ideen in Ihrem Life-Dog-Balance-Buch. Notieren Sie Ihre Idealvorstellungen für Sie und Ihren Hund, Ihre einzelnen Zwischenschritte, Meilensteile und kurzfristigen Rückschläge. Ein Must-have für einen Rückblick oder Motivationsschub, sollte es mal nicht so laufen. Erfreuen Sie sich an erreichten Erfolgen.

- Ich liebe es zu sehen, wie genüsslich er seinen Kauknochen frisst und danach entspannt einschläft.
- Ich mag es, wenn wir gemeinsam joggen gehen, aber er kläfft anderen Menschen hinterher. Folglich suche ich Wege, um Menschenkontakte zu vermeiden – das engt mich ein. Das will ich ändern.

Beachten Sie bei allen Punkten, und seien sie noch so klein, Ihre Stimmung und Emotion dabei. Sie spielen eine große Rolle. Parallel dazu erkennen Sie auch die Stimmung Ihres Hundes in der entsprechenden Situation. Wie sind Sie drauf? Geht es Ihnen gut? Haben Sie Sorgen, Ängste, Wut, Freude? Wie fühlen Sie sich in den Situationen – sicher oder unsicher? Was fühlt Ihr Hund? Ist er sicher oder unsicher?

Vergeben Sie Schulnoten zu all Ihren Punkten, um Ihren Leidensdruck als auch den Ihres Hundes einschätzen zu können. So haben Sie eine Einteilung. Damit haben Sie Ihre Basis für Life-Dog-Balance geschaffen. Vielleicht finden Sie im Verlauf dieses Buches weitere Dinge, die Sie verbessern wollen. Ergänzen Sie diese unkompliziert auf Ihrer Liste. Je detaillierter Sie sich mit Ihrer Life-Dog-Balance auseinandersetzen, umso mehr fällt Ihnen auf.

Arbeitszeit und Freizeit

Vergessen Sie das Wochenende oder Ihre freien Tage nicht. Ihre Arbeitswelt hat einen eigenen Rhythmus, den Sie zu Arbeitszeiten auch beherzigen müssen. Haben Sie aber frei, leben Sie Ihren Freizeitrhythmus. Sie schlafen vielleicht länger, sind entspannter und ruhiger unterwegs, die Spaziergänge sind anders strukturiert usw. Für uns Menschen ist das sehr logisch. Für einen Hund jedoch nicht. Er passt sich unserem Rhythmus zwar an, allerdings fehlt ihm das logische Verständnis dazu. Weil Mensch und Hund verschiedene Sprachen sprechen, können wir dies dem Vierbeiner auch nicht einfach erklären. Manche Hunde stecken diese Flexibilität einfach weg, für andere entsteht eine Belastung sowohl für den Hund als auch für den Halter. Daher erstellen Sie auch eine Pro- und Kontraliste für den Freizeitbereich.

In den folgenden Kapiteln beschreiben wir verschiedene Situationen, in denen Sie und Ihr Hund sich befinden können. Wenn dem so ist, dürfen Sie natürlich auch an diesen Stellen Listen erstellen. Sie sammeln zwar so zu Beginn Listen, aber Sie werden merken, dass Hunde sehr kontextbezogen, also im gleichen Zusammenhang lernen und sich verhalten. Hinter einem nervösen Bellen, weil der Nachbar das Grundstück betritt, steht oft eine andere Emotion als hinter einem Bellen, wenn Sie gerade die Kiste mit den Leckerchen – aus Sicht Ihres Hundes – zu lange in der Hand halten und ihm endlich die Kekse geben sollten. Folglich gehen wir alle Probleme individuell an, da Sie trotz ähnlichem Verhalten oft eine unterschiedliche Trainingstechnik benötigen.

Ihre Mühen werden belohnt, denn Sie lernen nicht nur die Situation besser kennen, sondern verstehen auch die Beweggründe Ihres Hundes oder gar Ihre eigenen besser.

Die Dinge positiv sehen

Auch wenn bestimmte Dinge keine Probleme auslösen, haben wir Sie gebeten, sich zu vermerken, was Ihnen an Ihrem Hund und Ihrem gemeinsamen Alltag gefällt. Keine Sorge, daran rütteln wir nicht. Alles, was in Ordnung ist, darf beibehalten werden. Wir wünschen uns lediglich, dass Sie das Positive in Ihrer Mensch-Hund Beziehung wertschätzen und sich daran erfreuen können. Je stressiger Ihr gemeinsamer Alltag ist, desto häufiger vergisst man, die guten Seiten in sich und seinem Hund. Erinnern Sie sich gern immer wieder, wie gut viele Dinge schon laufen, und verlagern Sie Ihre Gedanken auf die positiven Erfolge und die Freude, die Ihnen Ihr Hund macht. Dies ist für Sie und Ihren Hund angenehmer und fördert Ihre Bindung mehr, als wenn Sie lange über störende Dinge grübeln und sich aufregen. Seien Sie auch dankbar, denn nichts ist selbstverständlich. Sie beide haben sich alles gemeinsam erarbeitet – sowohl die guten als auch die zu verbessernden Angewohnheiten in Ihrem Leben. Und Sie dürfen entscheiden, wohin die Reise gehen soll. Bevor wir nun gleich ans Eingemachte gehen, um zu sehen, was Ihnen und Ihrem Hund den Alltag erleichtern kann, hier einige Sofortmaßnahmen, die unabhängig von der jeweiligen Situation prinzipiell immer gut für Sie und Ihren Hund sind.

Die Situation verlassen

Sie und Ihr Hund laufen beim Spaziergang auf ein Hund-Halter-Team zu, das Sie beide nicht mögen – was können Sie tun? Verlassen Sie mit Ihrem Hund die Situation. Sie müssen den Weg nicht fortsetzen und auf das Team – aus Sicht Ihres Hundes auf die Katastrophe – zusteuern. Wählen Sie einen Umweg, solange Sie noch keinen Trainingsplan entwickelt haben. Ihr Hund merkt sofort, ob Sie einen Plan haben oder nicht. Ist dies eher nicht der Fall, wird sich der Hund sonst schnell einen überlegen, der allerdings meist Stress für Sie beide bedeutet. Gehen Sie kommentarlos mit dem Hund einen Umweg und bestätigen ihn, wenn er von sich aus Blickkontakt zu Ihnen aufgenommen hat. Auch, wenn das kein Training ist, haben Sie die Situation nicht noch verschlimmert. Der Stresspegel geht eher runter, wenn Ihr Hund weiß, dass Sie ihn zumindest schon einmal aus der Nummer herausführen. Übrigens, Rückzug hat nichts mit »feige sein« zu tun.

Erstellen Sie eine Top-Belohnungsliste

Sie möchten Ihren Hund bestätigen. Die Frage ist, womit. Vielleicht glauben Sie, Ihr

Partner Hund. Ein gemeinsames Hobby, etwa die regelmäßige Joggingrunde, verbindet.

Kraft tanken durch liebevolle Berührungen. Wer kann da schon widerstehen?

Hund freut sich über einen Ball zum Spielen, müssen aber feststellen, dass er gar keine Bälle mag. Jetzt haben Sie beide ein kleines Problem. Der Hund freut sich nicht über die Belohnung für eine gute Leistung, die er erbracht hat, und Sie sind frustriert, weil der Hund keinen Spaß an der Belohnung und im späteren Verlauf auch nicht mehr an der Übung hat. Ihre neue Strategie: Die Belohnung soll Ihrem Hund Spaß machen! Er hat schließlich eine bombastische Leistung vollbracht. Fertigen Sie eine Rankingliste an. Halten Sie immer genügend Belohnungen parat und griffbereit. Diese können Sie im Training und im Alltag einsetzen – je nach Situation. Und so erstellen Sie die Belohnungsliste: Halten Sie mehrere Belohnungsarten parat, wie etwa Leckerchen (verschiedene Sorten), Spielzeuge, Kuscheltiere, Massage, stimmliches Lob usw. Bieten Sie Ihrem Hund in einer Hand ein Leckerchen und in der anderen Spielzeug an. Für was entscheidet er sich? Wählt er das Leckerchen, so steht das nun auf Platz 1, das Spielzeug auf Platz 2. Nun testen Sie alle Belohnungsvorschläge Ihrerseits durch, und am Ende steht Ihre Liste.

Das Training gut vorbereiten

Selbstverständlich macht es Spaß, »mal eben« mit dem Hund zu trainieren. Wenn man selbst Lust dazu hat, ist die Stimmung für das Training meist auch besonders gut. Aber die gute Stimmung hält nur so lange, wie das Training klappt und Sie vorbereitet sind. Fällt Ihnen ein, dass Sie Hilfsmittel

Dabei sein ist alles! Die meisten Hunde lieben es, mitten im Geschehen zu sein. Herrlich gemütlich, wenn Frauchen entspannt mit ihrer Freundin plauscht. Da kann auch Hund so richtig die Seele baumeln lassen …

nicht dabeihaben, Schleppleinen verknotet sind, Leckerchen sich als ungenießbar erweisen, dann schwindet die Freude meist recht schnell. Sie sind rasch genervt – verständlich, aber Ihr Hund weiß nicht, warum. Besser: Alles hat seinen Platz – ganz wichtig, nicht einen, sondern seinen Platz. Zudem starten Sie immer vorbereitet ins Training. Dazu gehört, dass Sie sich zu Beginn stets fragen, ob Sie wirklich Lust haben, Ihrem Hund eine neue Aufgabe oder ein neues Ritual zu zeigen. Wichtig ist auch ein Plan, sodass Sie wissen, was Sie trainieren möchten, also, was Ihr Trainingskriterium ist und was genau Sie belohnen wollen. Solche Vorbereitungen nehmen viel Druck!

Training muss nicht immer sein

Noch immer hält sich die Behauptung, dass es Hunderassen gibt, die permanent durch den Halter ausgelastet sein müssen. Das ist jedoch jeweils sowohl von der Genetik als auch von der Persönlichkeit des Hundes abhängig. Es gibt aber Tage, da ist man nicht in der Lage, mit dem Hund zu trainieren. Sie fühlen sich nicht gut, der Chef nervt, die Zeit sitzt im Nacken, die Kinder haben die Hausaufgaben noch nicht gemacht, oder die Katze muss spontan zum Tierarzt – bevorzugt am Wochenende in den Notdienst ... Dennoch möchten Sie alles richtig machen, gehen das Training an und – nichts klappt. Besser: Lassen Sie an, einem solchen Tag das Training sein! Sie dürfen das! Geben Sie sich die Erlaubnis! Wenn Sie ein Training anstrengt, merkt das auch der Hund. Der wundert sich, warum Sie nicht bei der Sache sind, und wenn Sie das nicht sind, warum sollte er das sein? Ein Teufelskreis beginnt – lassen Sie den gar nicht zu! Heute gibt es eben kein Training. Ausruhen ist angesagt. Nur, wenn Sie und Ihr Hund gesund sind und Spaß haben, etwas zu machen, wird es erfolgreich sein.

Gut gemeinte Ratschläge

Sie brauchen höchstens zwei Menschen, von denen Sie sich gern, freiwillig und wertschätzend anhören, wie Sie die Beziehung zu Ihrem Hund verbessern können. Alle anderen »gut gemeinten« Ratschläge, ungewollte Kommentare von Hundehaltern auf der Hundewiese usw. lassen Sie ab jetzt an sich abprallen! Weg damit! Das verwirrt nämlich mehr, als es hilft. Haben Sie keine vertraute Person gefunden, müssen Sie nicht danach suchen. Verlassen Sie sich auf Ihr Bauchgefühl – das betrügt Sie nicht.

Tipp

Welche Ziele haben Sie mit Ihrem Hund für die Zukunft?

Führen Sie eine Liste, auf der Sie festhalten, welche Ziele Sie mit Ihrem Hund demnächst erreichen möchten. Beachten Sie zudem die Ziele, die Sie in den nächsten zwei bis drei Jahren mit Ihrem Hund angehen wollen. Achten Sie darauf, dass die Ziele positiv formuliert sind, andernfalls haben Sie den Fokus auf dem Negativen, und Ihr Gehirn weiß dann nicht, wie das gewünschte Ziel aussehen soll.

Hundetypen unter der Lupe

Hunde sind ebenso individuell wie wir Menschen. Schauen wir uns an, welche Hund-Mensch-Konstellationen passen und was beide brauchen, um sich rundum wohlzufühlen.

Sind Beagle nicht erziehbar und Labradore immer verfressen?

Warum zeigt der Hund ein bestimmtes Verhalten? Dies hat oft mit äußeren Umweltreizen und situativen Ablenkungen zu tun, aber es steht auch in einem Zusammenhang mit seiner Persönlichkeit.

Schauen wir uns die Persönlichkeit des Hundes genau an, stellen wir fest, dass dies eine komplexe Sache ist. Lange schon weiß man, dass das Verhalten eines Hundes nicht nur vererbt, sondern zudem auch erlernt wird. Mit jedem neuen Reiz lernt der Hund wieder eine neue Erfahrung dazu und kann sein Verhalten anpassen und optimieren. Das macht ihn fit fürs Leben. Lassen Sie Revue passieren, was Ihr Hund schon alles an verändertem Verhalten gezeigt hat und wie er sich entwickelt hat. Was davon war individuell aufgrund der Lebenserfahrung, was wurde ihm in die Wiege gelegt?.

Zucht hat einen Grund

Die Hundezucht ist ein breites und spannendes Feld. Hunde erfüllen einen Gebrauchszweck. Dieser hat sich in einigen Bereichen im Laufe der Zeit verändert, aber Sinn und Zweck war es, Hunde zur Unterstützung des Menschen einzusetzen. Sie dienten als Jagdhelfer, als Zughunde und konnten auch mal eben 200 Schafe zusammenhalten. Natürlich mussten Spezialisierungen her. Der beste Dackel nützt nichts, wenn er zwar von seiner Anatomie her in den Fuchsbau passt, dort aber Furcht vor dem Fuchs selbst hat. Ein Dackel muss mutig sein, was übrigens gern mal mit stur verwechselt wird.

Bei Jagdhunden kennen wir hochspezialisierte Rassen. Das Erbe – egal ob Schweißarbeit oder das Apportieren usw. – ist tief in ihnen verankert, und der eine oder andere Hundehalter bekommt das zu spüren. Jagdhunde möchten arbeiten, und das gern mit dem Menschen zusammen.

Es gibt noch mehr als Jagdverhalten

Bei Hütehunden wurde bei der Zucht das Jagdverhalten in Hüteverhalten abgewandelt. Dennoch ist die hohe Bereitschaft, mit dem Menschen zusammenzuarbeiten, geblieben – sicher kennen Sie das typische Umrunden um Tiere oder Menschen. Immer mit einem Blick auf den Halter gerichtet, um bloß keine neue Aufforderung zu verpassen.

Für Hunde ist das Jagen Nahrungserwerb, aber auch Passion. Für den Halter bedeutet das oft Stress.

Hingegen ist das einem Schweizer Sennenhund viel zu anstrengend. Der ermüdet bereits beim Zusehen. Sennenhunde sind im Ursprung ruhige, ausgeglichene Hunde, die dahingehend selektiert wurden, schwere Lasten zu ziehen. Sie haben einen kräftigen Körperbau, um diese Aufgabe gut zu meistern. Diese Beispiele verdeutlichen, warum manche Hunde in ihren Grundzügen, sowie in ihrer Anatomie so aussehen, wie sie es tun, und auch entsprechende Charakterzüge fokussiert wurden. Der Sennenhund passt nun mal nicht in den Fuchsbau, und der Dackel zieht keinen Milchkarren ...

Mit dem Menschen zusammenarbeiten

Je nach Zuchtziel einer Hunderasse wurde der Fokus auch darauf gelegt, eine große

Für einen Hundehalter gibt es kaum schönere Momente: beide zusammen ausgelassen vereint.

Die Etikette darf auch gern mal über Bord geworfen werden, wenn es beiden Spaß macht.

Bereitschaft seitens des Hundes zu zeigen, mit dem Menschen zusammenzuarbeiten. Dabei kann es um sehr große Nähe gehen, sodass Halter und Hund überaus glücklich sind, wenn sie zusammen agieren. Umgekehrt kann dies aber auch Verlassensängste auslösen, wenn der Hund zu Hause alleine warten muss und dies nicht gewöhnt ist.

Letztere Problematik würde bei einem Herdenschutzhund wahrscheinlich eher weniger auftreten. Diese Hunde sind dafür geschaffen, eigenständig zu arbeiten, und das auch ohne den Menschen. Die persönliche Nähe ist dabei nicht ganz so elementar. Es sind nicht zwangsläufig einzelne Eigenschaften, die bevorzugt gezüchtet wurden, sondern auch Kombinationen daraus.

Dennoch bleibt es individuell

Schauen Sie sich zum Beispiel einen Wurf mit fünf Deutsch Drahthaarwelpen an. Alle sind verschieden, nicht nur optisch. Sie finden bestimmt einen Helden im Wurf, also einen, der mutig ist und seine Umwelt erkunden will. Vielleicht gibt es auch den unsicheren, der lieber vorsichtiger ist, wenn es darum geht, seine Nase in etwas Unbekanntes hineinzustecken. Außerdem gibt es Hunde, die lethargisch wirken und das ganze Drumherum lieber verschlafen oder den Gegenpart – den Workaholic, der immer auf der Suche nach »Arbeit« ist.

Stellt sich heraus, dass der Hund später jagdlich geführt werden soll, wird es hier nachvollziehbar, dass alle Hundewelpen – auch, wenn sie alle von Haus aus Jagdhunde sind – andere Trainingstechniken benötigen. Der Workaholic braucht zum Beispiel

viel Ruhe, der Lethargische hat vielleicht keine so große Jagdmotivation und wünscht sich einen anderen Hund an seine Stelle, der diesen Job übernimmt, usw.
So gibt es innerhalb jeder Rasse eine große Bandbreite an Charakteren, die ihre Merkmale stärker oder schwächer aufweisen. Die Rasse bildet eine Art Grundgerüst, und es gibt auch Eigenschaften, die davon abhängig sind. Aber: Die individuellen Eigenschaften, die Persönlichkeit des Hundes, ist ebenso wichtig.

Und so gibt es Gott sei Dank, auch den gemütlichen Drahthaar, den hoch motivierten Sport-Berner, den wasserscheuen Neufundländer und den – allen Vorurteilen zum Trotz – »abrufbaren« Beagle.

Jeder Pott hat seinen Deckel

Anhand der genetischen Grundlagen kann man gewisse Unterschiede und Bedürfnisse erkennen. Folglich ist es wichtig, sich – im besten Fall im Vorfeld – mit den verschiedenen Hunderassen auseinanderzusetzen.

Natürlich wissen wir, dass der Kauf eines Hundes auch immer ein emotionaler Kauf ist und die Emotionen (immer) den Verstand schlagen – zumindest im ersten Moment. Aber dennoch hilft es Ihnen dabei zu sortieren, welche gezüchteten Eigenschaften einer bestimmten Hunderasse eine Erleichterung in Ihrem Leben sein können oder welcher Hund vielleicht gerade überhaupt nicht in Ihr Leben passt. So können Sie schon einmal Enttäuschungen vorbeugen.

Hunde haben ein hohes Schlafbedürfnis. Gönnen Sie Ihrem Vierbeiner ausgiebige Ruhezeiten, sodass er entspannt den Alltag zusammen mit Ihnen genießen kann.

Test: Welcher Hund passt zu mir?

Welche Eigenschaften bringt Ihr (zukünftiger) Hund mit und welche Sie? Lernen Sie sich mit diesem Test noch ein wenig besser kennen und auch die Punkte, die eventuell angepasst werden müssen.

Stift und Papier bereithalten

Erstellen Sie ein Koordinatenkreuz und skalieren Sie jede Achse mit »wenig«, am Ende mit »viel« und in der Mitte mit »mittel«. Beschriften Sie die vier Linien mit folgenden Eigenschaften:

- Bereitschaft, mit dem Menschen zusammenzuarbeiten.
- Bewachen seines Zuhauses.
- Jagdverhalten.
- Aktivität.

Nehmen Sie einen Stift und beginnen Sie, Ihre Wunschvorstellung anzukreuzen. Wünschen Sie sich einen sehr aktiven Hund, so kreuzen Sie »viel« an der jeweiligen Stelle an. Gehen Sie alle vier Punkte durch und verbinden Sie diese. Ihre Wunschvorstellung hat nichts mit dem Hund zu tun, der vielleicht gerade schwanzwedelnd vor Ihnen steht, sondern damit, was Sie sich wünschen. Das kann sich mit Ihrem Vierbeiner decken. Es kann aber auch Unterschiede geben. Das sehen Sie nach dem Test. Beantworten Sie nun die Fragen zu Ihrem Hund und tragen Sie die Ergebnisse in einer anderen Farbe in das Koordinatenkreuz ein. Finden Sie Übereinstimmungen und mögliche gemeinsame Aufgabenstellungen für Sie und Ihren Hund.

1. Bereitschaft, mit dem Menschen zusammenzuarbeiten.
Sie möchten mit Ihrem Vierbeiner gemeinsam eine Aufgabe lösen. Wie verhält er sich dabei?

A Mein Hund hat wenig Interesse, mit mir zusammenzuarbeiten. Er ist eher der Typ Einzelgänger. Manchmal geht er sogar weg von mir. (wenig)

B Es kommt darauf an, welche anderen Reize noch vorhanden sind. Findet er etwas spannender als mich, kann es auch sein, dass ich ihn mehrfach bitten muss, bevor wir gemeinsam loslegen. (mittel)

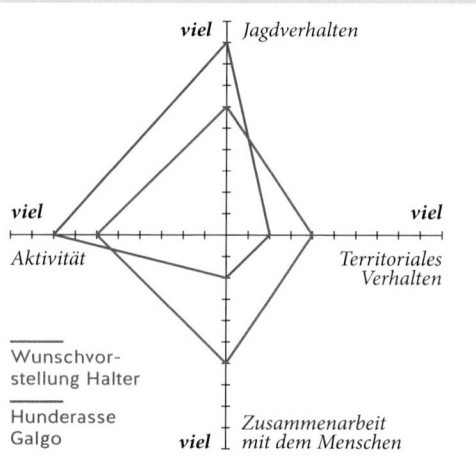

Jeder Vierbeiner hat seine Stärken. Finden Sie diese mithilfe des Tests heraus.

C Mein Hund steht sofort Gewehr bei Fuß. Er freut sich und kann es kaum abwarten, dass wir etwas zusammen machen. Er hat nur noch Augen für mich. (viel)

2. Bewachen seines Zuhauses.
Sie bekommen Besuch. Wie reagiert Ihr Hund, sobald er diesen wahrnimmt?
A Besuch ist für ihn kein großes Ding. Er bleibt liegen, schaut nur zum Besuch hin und lässt sich nicht aus der Ruhe bringen. (wenig)

B Er ist aufgeregt, schaut mich an, läuft durch die Gegend, ist freudig erregt und aufgekratzt. Er lässt sich durch mich lenken. (mittel)

C Mein Hund ist besonders aufgeregt und skeptisch von der ersten Sekunde an. Er bellt, knurrt und rennt Richtung Besuch. Es kann auch sein, dass er den Besuch stellt. Er entspannt sich erst dann, wenn der Besuch wieder weg ist. (viel)

3. Jagdverhalten.
Sie spazieren durch den Wald. Plötzlich springt ein Reh in einigen Metern Entfernung aus dem Gebüsch. Wie reagiert Ihr Hund darauf?
A Er nimmt das Reh zwar wahr. Allerdings hat er keine große Lust, hinterherzulaufen. Er schnüffelt lieber am Wegrand weiter. (wenig)

B Er ist aufgeregt, und Übersprungshandlungen wie zum Beispiel plötzliches Buddeln sind zu erkennen. Er nimmt Blickkontakt zu mir auf, würde aber dennoch am liebsten dem Reh hinterherlaufen. Er befindet sich offensichtlich in einem Konflikt. Letztlich gelingt es mir doch, meinen Hund abzulenken, und er folgt mir am Ende. (mittel)

C Jegliche Art von Wild schlägt bei meinem Hund wie ein Blitz ein. Er ist völlig fasziniert und richtet sowohl seinen Körper als auch sein Verhalten zum Reh aus. Wäre er jetzt frei und nicht an der Leine, würde ihn nichts mehr halten. Es würde außerdem eine Zeit lang dauern, bis er zurückkäme. (viel).

4. Aktivität
Wie aktiv ist Ihr Hund?
A Mein Hund liebt es, sich auszuruhen. Auch neues Spielzeug erkundet er nur, wenn ich es ihm nahe genug hinlege. (wenig)

B Mein Hund ist gern aktiv. Er lässt sich nicht zweimal bitten, wenn ich zum Spaziergang rufe. Allerdings entspannt er danach auch wieder schnell. (mittel)

C Sobald mein Wecker klingelt, steht mein Hund parat. Bin ich zu langsam, sucht er sich eine Beschäftigung. Er wirkt unermüdlich und scannt seine Umwelt im Zeitraffer. (viel)

Die Größe allein sagt nichts über den Charakter eines Vierbeiners aus.

Auswertung des Tests

Hinter Ihrer gewählten Antwort finden Sie die Zuordnung (wenig, mittel, viel), die Sie – zum jeweiligen Thema passend – als Kreuz in Ihr Koordinatenkreuz übertragen können. Verbinden Sie die Kreuze miteinander. Durch verschiedene Stiftfarben erkennen Sie schnell, welche Eigenschaften Ihr Hund besitzt/Sie sich wünschen. Sie sehen auch bei welchen Eigenschaften Sie und Ihr Hund sich »einig« sind, und umgekehrt, an welchen Stellen es eventuell noch Trainingsbedarf geben könnte.

Sie und Ihr Hund sind toll und einzigartig

Ganz wichtig: Dieser Test sagt nichts darüber aus, ob Sie eine gute Hundehalterin oder ein guter Hundehalter sind oder nicht. Sollten einige Bereiche nicht übereinstimmen, so soll Ihnen das lediglich einen Hinweis geben, woran Sie noch arbeiten können. Es sagt nichts über Ihre Fähigkeiten als Hundehalter aus. Bedenken Sie, Sie haben schließlich nur eine Wunschliste angegeben. Das Koordinatenkreuz kann Sie allerdings unterstützen.

1 Bereitschaft, mit dem Menschen zusammenzuarbeiten.

Zeigt ein Hund wenig Bereitschaft, mit dem Menschen zusammenzuarbeiten, ist das für Menschen gut, die selbst eine etwas größere emotionale Distanz zu ihrem Hund halten möchten. Viele Hundehalter sind jedoch enttäuscht, wenn ihr Hund sich lieber alleine beschäftigt. Auch verunsichert es Hundehalter, wenn der Vierbeiner aufgrund seiner Selbstständigkeit alleinige Entscheidungen trifft und umsetzt.

Je mehr der Hund bereit ist, mit seinem Menschen zusammenzuarbeiten, desto mehr hat er das Bedürfnis, ihn und seine Handlungen zu verstehen. Er hinterfragt den Halter und sichert sich ab. Daher sollten Sie im Umgang mit dem Hund genau wissen, was sie tun, andernfalls verunsichert das den Hund.

2 Bewachen seines Zuhauses

Viele Hundehalter, die bei der Einordung des Verhaltens ihres Vierbeiners »wenig« angekreuzt haben, werden vielleicht schon mal gesagt haben, ihr Hund würde einem Einbrecher eher die Tür aufmachen und die Besitztümer heranbringen, als Haus und Hof zu verteidigen. Ja, solche Hunde gibt es. Nicht jeder ist ein Wächter, weil die entsprechende Ressource aus Sicht des Hundes nicht wichtig genug zur Verteidigung ist und/oder die Motivation zu gering. Deshalb

Tipp

Alternative Jagdleidenschaft

Vielleicht wünschen Sie sich einen Hund ohne jagdliche Motivation, haben aber einen Vierbeiner, der ein passionierter Jäger ist. Überlegen Sie, wie Sie ihn alternativ auslasten können, etwa durch Nasenarbeit und Schnüffelspiele. Gute Hundeschulen bieten Kurse an, die Ihnen das nötige Handwerkzeug für die gemeinsame »Jagd« vermitteln.

ist er kein schlechter Hund, sicher hat er andere Talente. Ein gutes Mittelmaß ist, als Familienhund, gern gesehen. So viel territoriales Verhalten, dass man sich sicher fühlt, aber dennoch so wenig, dass sich der Hund lenken lässt und dem Besuch eben nicht in Eigenregie den Aufenthaltsort vorgibt. Zeigen Hunde ein starkes territoriales Verhalten, löst das zwar oft ein großes Sicherheitsgefühl aus, wenn man an Einbrecher denkt, allerdings nicht, wenn willkommener Besuch da ist. Kann man den Hund dann aber nicht lenken, kippt in diesem Fall die Sicherheit in Hilflosigkeit. Hunde mit diesem starken Verhalten freuen sich, wenn sie einen Halter haben, der in allen Situationen Ruhe bewahrt und sie lenken kann.

> ## Tipp
>
> *Noch mehr Eigenschaften*
>
> Sie können das Koordinatenkreuz jederzeit erweitern und weitere Eigenschaften des Hundes aufschreiben. Etwa seine Bereitschaft zu Aggressionen, sein Umgang mit Stress, anderen Menschen und Hunden oder sein Kuschelbedürfnis. Haben Sie mehrere Hunde, können Sie dies natürlich mit einer weiteren Farbe in das Kreuz einzeichnen.

3 Jagdverhalten

Jagdverhalten ist ein wichtiges Kriterium bei der Suche nach dem passenden Hund. Zeigt ein Hund wenig Jagdpassion, ist dies ein Punkt, der für Ersthundehalter wichtig sein kann. Es fällt leichter, mit solchen Vierbeinern spazieren zu gehen. Haben Sie »mittel« angekreuzt, ist Ihr Hund einer von der Sorte, der dennoch gern mit Ihnen Apportierspiele macht oder die Nasenarbeit pflegt – von echten Rehen ist er jedoch nicht so begeistert. Diese Hunde sind für Familien gut geeignet, da sie dennoch genug Aktivität mitbringen, um gemeinsame Unternehmungen mit dem Halter umzusetzen. Bringen Hunde eine sehr hohe Jagdbereitschaft mit, bedenken Sie, dass jede ungewollte Jagderfahrung Glücks- und Suchthormone ausschüttet (Dopaminkaskade). Diese Erfahrungen machen Jagdhunde nicht nur, wenn sie jagdlich geführt werden, sondern auch auf normalen Spaziergängen, außer Dienst sozusagen. Diese Hunde müssen – sofern sie durch den Halter nicht jagdlich geführt werden – eine Ersatzbeschäftigung ausüben dürfen. Für den Halter bedeutet das mehr Zeit und auch mehr Vorsicht im Umgang.

4 Aktivität

Hat Ihr Hund ein weniger stark ausgeprägtes Aktivitätsbedürfnis, mag er gern einen Teamplayer um sich herum, der Ruhe ausstrahlt und Struktur hat. Hunde können sich zwar anpassen, allerdings kann das auf Dauer anstrengend werden. Das können Sie sich vorstellen, wenn Sie einen Hund mit einer sehr starken Aktivitätsneigung haben, Sie selbst aber eher ein Freund gemütlicher Couchzeiten sind. Ständige Aufforderungen seitens Ihres Hundes würden Sie nicht entspannen lassen. Kleine Spannungen und ein schlechtes Gewissen sind vorprogrammiert.

Von den verschiedenen Hunde- und Menschentypen

Es gibt einiges im Zusammenleben mit dem Vierbeiner zu beachten. Höhen und Tiefen sind vorprogrammiert. Manchmal stellt sich die Frage, ob es wirklich passt. Doch Sie können es passend machen.

Für viele Hundehalter ist ihr Vierbeiner einfach perfekt. Diese Teams scheinen sich gesucht und gefunden zu haben. Andere lieben ihren Hund über alles, sind aber bereit, Kompromisse einzugehen. Kompromisse sind Zugeständnisse, um sowohl die Bedürfnisse des anderen mit zu berücksichtigen, als auch seine eigenen verwirklichen zu können. Geht es Hund und Halter damit gut, ist alles in Ordnung. Wenn Sie aber überprüfen wollen, wo Sie vielleicht noch optimieren können, dann halten Sie sich an die folgende Übersicht, die Ihnen als Wegweiser dienen soll:

Ihr Hund ist ängstlich

Ängstliche Hunde benötigen einen sicheren Rahmen und einen ritualisierten Alltag, sodass sie sich darin zurechtfinden. Können sie das, werden sie im Laufe der Zeit an Sicherheit gewinnen und selbstbewusster werden. Rückzugsorte sind immer sinnvoll, sodass der Hund lernen kann, sich eigenständig zur Entspannung zurückzuziehen. Ein Hundehalter, der einen ängstlichen Hund geduldig anleiten kann, ist ein guter Partner an der Seite eines »Angsthasen«.

Was erwartet Sie im Umgang?

Ängstliche Hunde brauchen oft mehr Zeit, um sich auf neue Dinge einzulassen. Das kann das Kennenlernen anderer Menschen betreffen, aber auch neue Gegenstände. Begegnungen in der Öffentlichkeit, wie Hundeschule, Spaziergänge, Stadtbummel usw. sind nicht immer leicht für Hund und Halter. Hundehalter mit ängstlichen Hunden berichten oft davon, dass sie vermehrt von anderen Menschen angesprochen werden, die gern den einen oder anderen klugen Tipp parat haben.

So gehen Sie am besten damit um

Haben Sie Verständnis für Ihren Hund, und bleiben Sie geduldig mit ihm. Planen Sie immer mehr Zeit bei Unternehmungen ein, wie etwa, dass sich Ihr Hund entspannt akklimatisieren kann und nicht hektisch an einer Situation teilnehmen muss und keine Zeit für ein ruhiges Kennenlernen bleibt.

Unsichere Hunde brauchen Ihre Rückendeckung. Das gibt Ihrem vierbeinigen Freund den nötigen Halt.

Hilfreich ist es auch, sich ein »dickes Fell« zuzulegen. Wie bereits erwähnt, werden Sie – ob gewünscht oder nicht – Ratschläge bekommen, wie Sie die Situation besser für den Hund gestalten können. Dies kann sehr anstrengend und manchmal auch verletzend sein. Nehmen Sie sich das nicht zu Herzen. Schütteln Sie die Tipps einfach ab, wenn Sie diese nicht aktiv eingefordert haben. Vielleicht hilft Ihnen folgender frecher Spruch: »Hier ist der Hund, hier ist die Leine, mach es besser.« Natürlich geben Sie die Leine aber nicht aus der Hand.

Ihr Hund ist (zu) mutig

Mut ist biologisch betrachtet sehr sinnvoll, denn er hilft uns, die Umwelt zu erkunden,

Der Rüde imponiert. So zeigt er sein Interesse an einer Hündin oder will einen Rivalen auf Abstand halten.

Ausgelassenes Spiel – Entspannung pur. Sorgen Sie für diese wichtigen Auszeiten.

Bewältigungsstrategien zu entwickeln und zu entspannen, wenn diese erreicht sind. Problematisch wird es, wenn Ihr Hund sich zu mutig in Situationen bringt, die ihn überfordern. Aggressionen und Verletzungen können die Folge sein. Der Stresspegel erhöht sich. Diese Hunde brauchen einen Rahmen, der Sicherheit vermittelt. Dazu gehört es, ihnen ein Bereich abzustecken, in welchem sie eine Situation frei erkunden können und weiter gefordert werden. Das potenzielle Risiko ist jedoch in diesem Fall durch den Hundehalter abgesteckt worden. Er setzt im übertragenen Sinne Leitplanken für den Hund, in denen er sich aufhalten kann. Beim Überschreiten dieser Leitplanken greift der Halter zur Schadensbegrenzung ein und setzt Grenzen. Zum Beispiel würde kein Hundehalter seinen Hund vor einen Trecker rennen lassen, sondern dies verhindern. Je klarer der Halter sich dabei verhält, desto eher lässt sich der Vierbeiner darauf ein.

Was erwarten Sie im Umgang?

Rechnen Sie damit, dass Ihr Hund das eine oder andere Mal auf Ideen kommt, die Sie vielleicht nicht für möglich gehalten haben. Aus menschlicher Sicht vernünftig ist er nicht immer, doch kreativ ist er allemal. Unsere Vorstellungskraft reicht dazu nicht immer aus. Es steckten zum Beispiel schon

Hunde in gekippten Fenstern fest. Auch Aggressionsverhalten kleiner Hunde ist gar nicht so selten zu beobachten, obwohl die Chancen der Kleinen gegenüber den oft viel größeren Artgenossen – aus menschlicher Sicht betrachtet – gleich null sind. Folglich kann es sein, dass Sie den einen oder anderen Konflikt mit Ihrem Hund und der Umwelt klären müssen.

So gehen Sie am besten damit um
Bewahren Sie Ruhe und Gelassenheit, und haben Sie immer einen Plan. Teilen Sie Ihrem Hund deutlich die Spielregeln mit. Was darf er, was darf er nicht? Das muss nicht durch Strenge oder Strafen geschehen – liebevolle Konsequenz reicht aus. Überlegen Sie, in welchen Situationen Sie Ihrem Hund mehr Halt geben können. Im 2. Kapitel ab Seite 52 lernen Sie das »Glücksrad« kennen, das Ihnen hilft, Ihren Hund in Konfliktsituationen authentisch zu lenken.

Ihr Hund ist sehr aktiv

Ihr Hund scheint immer einen dringenden Termin zu haben und ist seiner Nase stets ein Stück voraus? Von solchen Hunden träumen aktive und sportbegeisterte Menschen. Wenn solchen Hunden neben allen Anspannungsphasen genügend Ruhephasen zur Verfügung gestellt werden, ist das in Ordnung. Ein deutlich angezeigter Wechsel hilft dem Hund sofort zu wissen, welche Phase gerade dran ist.
Aktive Hunde sollten nicht überfordert werden. In den ersten drei Jahren ihres Lebens ist ein Training in Maßen angesagt. Oft versucht man aktive Hunde durch mehr Aktivität und Auslastung müde und ausgeglichen zu bekommen. Allerdings trainiert man damit meist eher die Kondition. Um nicht aus dem aktiven Hund nach einiger Zeit einen aktiven Hochleistungshund zu machen, empfiehlt sich ein solider Trainingsplan. Aber bitte nicht nach dem Motto: »höher – schneller – weiter«.

Was erwartet Sie im Umgang?
Sie werden als Partner eines aktiven Hundes wahrscheinlich mehr unterwegs sein und mehr gefordert werden als mit einem Couch-Potato. Meistens sind aktive Hunde auch kleine oder große Workaholics, die stets nach Beschäftigung suchen. Ist eine Aufgabe erledigt, langweilen sich solche Vierbeiner jedoch schnell. Dann müssen Sie als Hundehalter kreativ sein, um den Hund

> ## Tipp
> ### Es gibt immer Mischformen
> Von allen Hunden, die wir vorstellen, gibt es Mischformen. So können ängstliche Hunde dennoch neugierig in anderen Kontexten sein oder sehr aktive Hunde genügend Ruhephasen genießen. Überlegen Sie sich, zu wie viel Prozent die Eigenschaften auf Ihren Hund zutreffen. Übrigens gehen wir hier von gesunden Hunden aus. Haben Sie etwa den Eindruck, dass Ihr Hund nicht einfach nur aktiv, sondern hyperaktiv ist, lassen Sie das von einem Tierarzt überprüfen.

Manche Hunde lieben es ruhiger. Da locken auch die tollsten Spielzeuge nicht.

Sportliche Hunde können oft stundenlang aktiv sein, ohne die Freude an der Bewegung zu verlieren.

langfristig auszulasten. Finden Sie die passende Balance zwischen körperlicher und geistiger (kognitiver) Auslastung, erwartet Sie trotz seiner Aktivität ein ausgeglichener Hund. Ist er in einem dieser beiden Bereiche unausgeglichen, wird er sich ein eigenständiges, meist selbstbelohnendes Hobby suchen. Dies entspricht oft nicht unseren Wunschvorstellungen, wie etwa das Buddeln im Blumenbeet oder das ständige Anpöbeln des Nachbarhundes.

So gehen Sie am besten damit um

Sorgen Sie für konsequente Ruhephasen. Diese können Sie selbst trainieren und sowohl gemeinsam als auch alleine einfordern. Seien Sie der ruhige Gegenpol. Je aktiver ein Hund ist, desto ruhiger wird er durch einen Halter, der ihn selbst ruhig lenkt. Lassen Sie sich nicht anstecken, sondern machen Sie es umgekehrt und übertragen Sie Ihre gelassene Art auf den Hund. Übrigens hilft es bei flotten Hunden immer wieder, wenn man Bewegungen, wie etwa das Anziehen des Geschirrs, in Zeitlupe umsetzt. Ihr Hund lässt sich nach einiger Zeit darauf ein und wird ruhiger. Also: In der Ruhe liegt die Kraft.

Ihr Hund ist (zu) ruhig bis lethargisch

Es gibt Hunde mit einem sehr ruhigen Gemüt. Ihnen tun wir keinen Gefallen, wenn wir sie bereits morgens um sechs mit zum Joggen nehmen. Der Tag wäre für einen solchen Vierbeiner gelaufen – im wahrsten Sinne des Wortes. Er ist dankbar für Strukturen, an denen er sich orientieren kann und somit seinen Tag gestalten. Dennoch darf und sollte der Hund gefördert werden, da ihm auch das guttut. Kleine kognitive Einheiten, die das Köpfchen fit halten, wie etwa ein Suchspiel, oder die eine oder andere sportliche Aktivität, wie Schnüffelarbeit, Zughundesport oder einfach nur der gemeinsame Besuch in der Hundeschule mit dem Halter, peppen seinen Alltag auf. Die Dosierung ist wichtig. Alle Übungen sollten an Erfolge geknüpft sein, da diese Hunde schneller die Lust verlieren, wenn sich das Verhalten nicht lohnt.

So gehen Sie am besten damit um

Es kann ein wenig dauern, bis man diesen Hundetyp zum Mitmachen bewegen kann, er die Übung verstanden hat oder man ihn positioniert hat. Oft sind größere Hunde ruhiger veranlagt, die zum Leidwesen mancher Halter auch recht viel Raum einnehmen. Scheinbar wirkt vieles demotivierend auf solch einen gemütlichen Vierbeiner, was einen Halter leicht nervös machen kann und an sich selbst zweifeln lässt. Aber: Sie haben einen treuen Hund an Ihrer Seite, der vielleicht einfach nur zufrieden ist, wenn Sie in seiner Nähe sind, und sich über die eine oder andere Streicheleinheit freut.

Was erwartet Sie im Umgang?

Genießen Sie Ihren gemütlichen Hund und bleiben Sie auch dann ruhig, wenn andere Hunde in der Hundeschule Übungen schneller ausführen als Ihrer. Gestalten Sie Übungen leicht für Ihren vierbeinigen Freund und akzeptieren Sie sein Tempo.

Das Füttern aus der Hand baut Vertrauen auf. Der Hund sollte jedoch nicht stets eine Gegenleistung dafür erbringen müssen. Er darf auch mal »nur« verwöhnt werden.

> ## Tipp
>
> *Beziehungsprobleme*
>
> Es ist nicht untypisch, dass sich Paare streiten, wenn es um das Thema Hundetraining geht. Vielen ist das unangenehm, denn gerade rund um den Hund möchte man alles richtig machen. Lassen Sie sich nicht zu sehr von Ihren Emotionen beeinflussen. Suchen Sie besser das sachliche Gespräch mit Ihrem Partner und nach einer gemeinsamen Lösung. Vereinbaren Sie einen konkreten »Gesprächstermin«, um das strittige Thema in Ruhe zu diskutieren.

Sie werden einen ruhigen Hund besser abholen können, wenn Sie die Trainingsschritte in kleinere Einheiten aufteilen. Dennoch planen Sie Übungen ein, in denen Sie Ihren Hund fordern, sowohl geistig, etwa durch Clickertraining, als auch körperlich. Besuchen Sie einen Rally-Obedience-Kurs oder eine Spielgruppe. Wollen Sie Ihren Vierbeiner motivieren, seien Sie ein Vorbild und machen ihm durch Ihre gute Stimmung klar, dass es sensationell ist, dass Sie und er nun gemeinsam auf der Trainingsfläche stehen.

Natürlich gibt es auch »Normalos«

Keine Sorge, es gibt auch Hunde, die lassen sich nicht nach den vorher beschriebenen Eigenschaften klassifizieren. Eine große Anzahl hält sich glücklicherweise im gesunden Mittelfeld auf, zeigt also kein besonders auffälliges Verhalten. Genießen Sie Ihren »Normalo«.

Frauen und Männer im Hundetraining

Aber nicht nur Hunde zeigen spezielle Verhaltensweisen – auch wir Menschen tun das. Schauen wir uns allein nur einmal die Unterschiede zwischen Mann und Frau im Hundetraining an, wird klar, dass sich auch Hunde bei Herrchen oder Frauchen oft unterschiedlich verhalten.
Die Frau als »Spaßbremse« und der Mann als »Spaß-Papa« – so wird das Bild oft präsentiert. Aber es geht natürlich auch andersherum. Fakt ist aber, wenn es um den Erziehungsstil des Hundes geht, wird so mancher Ehestreit ausgelöst.

Hunde sind anpassungsfähig

Schauen wir, wie wir Ihr Leben an dieser Stelle (wieder) in Balance bringen können. Als Hundehalter möchte man alles richtig machen, aber oft mit unterschiedlichen Bedürfnissen: Frauen freuen sich über den Hund als Familienmitglied, und der Hund hat zudem eine beschützende Funktion. Männern hingegen ist der Beschützer oft nicht so wichtig, sondern eher der Kumpel oder Teamplayer im Sport- und Freizeitbereich. Hier geht der Spagat schon los, alle Bedürfnisse unter einen Hut zu bekommen. Glücklicherweise stellt es für den Hund in vielen Fällen nicht wirklich ein Problem dar, den »Wünschen« seiner Menschen gerecht zu werden" – eher für uns Hundehalter. Unser Hund hat hervorragend gelernt, sich

Von den verschiedenen Hunde- und Menschentypen

Nicht immer sind sich Paare über den Umgang mit dem Hund einig. Der Hund spürt das und passt sein Verhalten entsprechend dem jeweiligen Partner an.

sekündlich und individuell auf uns Menschen einzustellen, und reagiert passend. Beispiel: Erlaubt der Mann dem Hund, auf die Couch zu springen, wird der Hund in seiner Logik nachfragen, ob er in Zukunft auf die Couch darf.

Weiß er dagegen, dass sein Frauchen lieber allein auf der Couch liegt, wird der Hund sein Bettelverhalten, um damit doch noch auf die Couch zu kommen, einstellen, wenn er konsequent auf Ablehnung stößt. Schnell ist dem Vierbeiner klar, welches Verhalten sich bei wem lohnt.

Frauen

Sicher kennen Sie Sätze wie »Wir wollen doch nur mal schauen«. Frauchen hat ihren vierbeinigen Liebling auf dem Arm und alles gegeben, um ihn überall hin mitzunehmen. In diesem Moment ist Frau sich sicher, kein Problem kann so groß sein, dass sie es nicht irgendwie selbst lösen kann. Logisches Denken ist jetzt kaum möglich. Schuld an dieser vorübergehend mangelnden »Zurechnungsfähigkeit« ist unter anderem ein Hormon – das Prolaktin.

Prolaktin löst bei Menschen Brutpflegeverhalten aus. Frauen haben im Vergleich zu Männern eine wesentlich höhere Prolaktinproduktion. Das Hormon wird vor allem in der Hirnanhangsdrüse gebildet. Zu einer erhöhten Hormonausschüttung kann es bereits allein beim Anblick eines niedlichen Welpen kommen. Da spielt Vernunft, ob

Ein erholsamer Spaziergang. Der Hund läuft an lockerer Leine, und auch sein Herrchen ist völlig entspannt.

Das gemeinsame Toben auf der Wiese beeinflusst den Hormonspiegel von Mensch und Vierbeiner positiv.

dieser Welpe tatsächlich für unsere Lebenssituation passt, keine Rolle mehr. Es zählen einzig und allein die Emotionen.

Dies hat aber auch zur Folge, dass Frauen häufig kompromissbereiter und inkonsequenter sind. Merken Frauen etwa, dass dem Hund eine Übung missfällt, die er aber eigentlich beherrschen sollte, gehen sie eher Kompromisse ein. Selbst wenn der Vierbeiner die Übung nicht ganz korrekt ausgeführt hat, ist das Ergebnis für viele Frauen durchaus in Ordnung. Frauen finden diesen Deal logisch – der Hund jedoch nicht. Er lernt dabei leider, dass es reicht, die Übung »schlampig« auszuführen, und denkt, dass dies das gewünschte Verhalten sei. Je mehr Kompromisse eingegangen werden, desto weiter kommt man von seinem Ziel ab. Der Hund stellt dann die Führungsqualitäten seines Frauchens infrage. Er wird daran zweifeln, dass ihn sein Frauchen in Gefahrensituationen sicher lenken kann, und möglicherweise selbst die Führung übernehmen. Beim Thema Leinenpöbelei und Leineaggression bekommt Frau dies deutlich oder gar schmerzhaft zu spüren.

Schade ist nur, …

… dass Männer die Probleme der Frau mit dem Hund nicht verstehen, weil sie sie ganz einfach nicht haben. Durch mehr Kraft und Standfestigkeit gegenüber dem Vierbeiner hat der Mann beispielsweise die Schmerzen einer ausgekugelten Schulter bei einer Leinenaggression nicht zu ertragen. Er hat auch weniger Angst davor, dass er möglicherweise mit dem Hund in eine Situation gerät, die er nicht meistern kann. Somit registriert ein Mann zwar vielleicht die weibliche Befindlichkeit, kann aber nicht – aus unseren femininen Augen betrachtet – richtig reagieren, weil er gar nicht weiß, was sich (s)eine Frau jetzt wünscht. Fairerweise sollte man dazu sagen, dass viele Frauen zu diesem Zeitpunkt auch nicht immer wissen, was ihr Mann tun soll, außer dass er »es« anders machen soll, da Frau oft der Meinung ist, dass durch ein falsches Verhalten des Mannes beispielsweise das Theater an der Leine gefördert wird.

Besser, und das sind gute Nachrichten:
- Setzen Sie sich jeweils alleine, also ohne Partner, ein Trainingsziel! Dieses sollte positiv formuliert sein und darf Ihren Wunschvorstellungen entsprechen.
- Holen Sie sich eventuell Hilfe bei einem Hundetrainer, der Sie und Ihren Hund coachen kann.
- Wie bereits erwähnt, stellt sich Ihr Hund individuell auf seinen Menschen-Partner ein – somit dürfen Sie nun auch das Training beginnen und wissen, dass Ihr Partner es nicht zerstören kann, wenn Sie konsequent an Ihrem Ziel arbeiten.
- Sie müssen nicht mehr mit Ihrem Mann darüber streiten, dass er Ihr Training boykottieren würde, denn das tut er gar nicht. Er hat nur ein anderes Bedürfnis, mit dem Hund umzugehen. Bleiben Sie sich treu und schauen Sie, was Sie aus sich und Ihrem Hund herausholen können.

Tipp

Wichtige Informanten

Hormone nehmen eine wichtige Stellung im Umgang mit dem Hund ein. Sie beeinflussen Mensch und Hund und können sich innerhalb von Sekunden verändern. Prüfen Sie somit auch vor jedem Training mit Ihrem Hund, wie Sie und Ihr Hund sich gerade fühlen. Auch eine Läufigkeit Ihrer Hündin kann den Alltag durcheinanderwirbeln. Stellen Sie fest, dass Ihr Hund Hormon-Probleme hat, konsultieren Sie einen Tierarzt oder Tierheilpraktiker.

Männer

Männer sind gern »Anwender«. Das heißt, sie gehen mit dem Hund spazieren, balgen sich mit ihm, genießen den Tag und ernten häufig neidvolle Blicke der Frau, denn meist gehen diese Spaziergänge weniger stressig vonstatten. Männer sind oft entspannter als Frauen. Wenn Männer mit ihrem Vierbeiner unterwegs sind, dann leben sie nur im Hier und Jetzt – ähnlich wie Hunde.
Probleme werden erst dann angegangen, wenn sie tatsächlich da sind. Dies vermittelt dem Hund Sicherheit, und das Team kann entspannt seines Weges gehen. Die Welt ist scheinbar in Ordnung.
Viele männliche Hundehalter halten es deshalb für unnötig, eine Hundeschule zu besuchen, denn in ihren Augen passt ja alles.

Dies ist auch ein Grund dafür, dass überwiegend Frauen mit den Hunden eine Hundeschule besuchen, sei es zur Erziehung oder zur Auslastung des Vierbeiners.

Schade ist nur, …

… dass auch Männer durchaus Probleme mit ihren Hunden haben können. Darüber sprechen Paare gern und suchen nach gemeinsamen Lösungen.

Die Frau hat dann oft gute Ratschläge parat, die zwar auf sie selbst zutreffen können, aber eben nicht auf ihren Mann. Er ist nämlich ein anderer Typ und braucht einen auf ihn persönlich zugeschnittenen Trainingsplan für sich und den Vierbeiner. Gegenseitige Schuldzuweisungen sind auch nicht selten. Hier hilft es, Ordnung ins System zu bringen. Männer sind meist die ruhigeren Vertreter und benötigen das eine oder andere Mal mehr Zeit, um sich mit einem Problem auseinanderzusetzen. Sie wollen eine Lösung, aber in ihrem Tempo.

Besser, und das sind gute Nachrichten:

- Machen Sie keinen Wettkampf aus Ihrem Training, also nicht Frauchen versus Herrchen. Sie wollen beide zum Ziel.
- Erstellen Sie, als Mann, Ihren eigenen und persönlichen Trainingsplan – in Ihrem Tempo und mit Ihren eigenen Gedanken. Der Trainingsplan Ihrer Frau kann sehr gut für sie selbst sein, aber das heißt nicht, dass er auch zu Ihnen passt.
- Sie müssen nicht den Hundetrainer Ihrer Frau wählen. Suchen Sie sich jemanden,

Dass der Hund grundsätzlich an lockerer Leine läuft und nicht wie wild an ihr zieht, ist kein Hexenwerk. Dieses erwünschte Verhalten muss jedoch konsequent geübt werden.

der zu Ihren Bedürfnissen passt. Wichtig ist nur, dass Sie immer – das gilt für Ihre Frau entsprechend – einen wählen, der tierschutzkonformes Training anbietet.

Hundetraining versus Eheberatung

Der Hund in der Familie ist ein emotionales Thema. Sowohl Frauchen als auch Herrchen lieben ihn beide und wollen alles richtig machen. Emotionale Themen bergen Gesprächsstoff für Ehestreit. Vielleicht helfen Ihnen diese kleinen Tipps oder Gedankenanstöße, um in Zukunft entspannter mit Partner und Hund umzugehen.

- Auch wenn Sie die Bedürfnisse Ihres Partners nicht direkt nachvollziehen können, weil es Ihnen anders ergeht, nehmen Sie Ihren Partner ernst und unterstützen Sie ihn.
- Gibt es Themen, die für Sie beide wichtig im Umgang mit dem Hund sind, definieren Sie ein gemeinsames Ziel und orientieren Sie sich bei Ihrem Training auch daran. Ziehen Sie in diesem Fall unbedingt an einem Strang!
- Sprechen Sie frühzeitig darüber, wenn Sie sich Hilfe durch den Partner erhoffen. Vermitteln Sie deutlich, welche Unterstützung Sie sich jeweils genau wünschen.

Nicht alle Männer sind gleich, ebenso nicht alle Frauen. Es kommt immer auf die Persönlichkeit, den Charakter, die Tageseinstellung und so viel mehr an. Ob Männer oder Frauen geduldiger mit ihren Vierbeinern sind oder wer sich eher durch den Hund manipulieren lässt, ist also keine reine Geschlechterfrage, sondern vor allem typ- und stimmungsabhängig.

Jeder Hundehalter sollte mit seinem Hund eigene Ziele planen und diese individuell umsetzen.

Frauchen trägt ihren vierbeinigen Liebling gern auf dem Arm. Warum auch nicht, solange es ihm gefällt.

Welcher Führungsstil ist der richtige für Ihren Hund?

Sie haben schon viel über sich und die verschiedenen Hundetypen erfahren. Ob der Alltag mit dem Hund gelingt, ist aber auch davon abhängig, wie Sie Ihren Hund lenken und leiten können..

Hunde gehen mit uns durchs Leben. Sie bestreiten den Alltag mit uns und sind vollwertige Familienmitglieder. Verständlich, dass wir viel Zeit gemeinsam mit ihnen verbringen wollen, sei es beim Stadtbummel oder einem Treffen mit Freunden. Eine starke Bindung bedeutet uns viel. Ein wichtiger Punkt, der Ihre Bindung, Ihr entspanntes Zusammenleben, Ihre Life-Dog-Balance fördert, ist Ihr Führungsstil. Wie begleiten Sie Ihren Hund durch sein Leben? Welche Leitlinien können Sie ihm geben, und wie viel Vertrauen bauen Sie auf, dass er sich auf Sie einlässt und sich sicher fühlt?

Führung heißt Sicherheit vermitteln

Beim Führungsstil sprechen wir oft vom Dirigismus. Das bedeutet, Verantwortung für die Handlungen des Hundes zu übernehmen und ihn sicher durch den Alltag zu führen. Erläutern wir das kurz an einem Beispiel: Sie gehen mit Ihrem Hund an der Leine spazieren. Die Leine hängt durch, Sie und Ihr Hund haben gute Laune. Plötzlich kommt der »Erzfeind« Ihres Hundes um die Ecke, beide Hunde knurren sich an und zeigen Aggressionsverhalten. Sie stellen fest, dass das ungewünschte Verhalten von Mal zu Mal schlimmer wird.

An dieser Stelle kommen Sie ins Spiel. Setzen Sie Ihren Führungsstil optimal ein, können Sie Ihren Hund aus dieser angespannten Situation holen. Sie rufen einfach ein Alternativsignal ab, sodass Ihr Vierbeiner zum Beispiel im »Fuß« geht, statt an der Leine zu ziehen, und verändern auf diese Weise seine Emotionen. Ihr Hund ist entspannt, weil seine Aufmerksamkeit nun auf Ihnen liegt und nicht auf seinem »Erzfeind«.

Trotz der Schrecksekunde, als der verhasste Artgenosse auftauchte, führten Sie Ihren Vierbeiner im vorangegangenen Beispiel sicher durch die Situation. Der Stress lässt nach. Ihr Hund und auch Sie sind entspannter, denn Sie hatten ja einen Plan, der die Situation entschärft hat. Das fühlt sich gut an – Sie haben Ihren Hund richtig dirigiert. Übrigens wird auch der Hund mitlernen und bald seine To-do-Liste abrufen können. So lernt der Vierbeiner eine Bewältigungsstrategie, und wenn er die kennt, sinkt sein Stresspegel.

Wenn der Führungsstil zu lasch ist

Wenn Sie in einer brenzligen Situation nicht planvoll handeln, werden Sie sich wahrscheinlich ziemlich hilflos fühlen und weiter auf die Situation zusteuern oder lediglich als Zuschauer danebenstehen. Dies zeigt dem Hund, dass Sie in diesem Augenblick nicht führen können. Ab einem gewissen Alter beziehungsweise Reifungsprozess wird der Hund eventuell eigene Bewältigungsstrategien einsetzen und im schlimmsten Fall verstärkt Aggressionen zeigen. Das Ergebnis ist alles andere als

Ihr Hund ist Ihnen dankbar, wenn Sie ihn lenken und führen. Konsequentes Training gehört mit dazu.

Kontakt mit Artgenossen an der Leine erwünscht oder nicht? Das entscheiden Sie.

Ihr angeleinter Hund trifft auf einen nicht angeleinten Artgenossen. Klären Sie die Situation.

entspannt. Oft beginnen Hundehalter das Problem zu lösen, indem sie lieber nachts um drei Uhr mit ihrem Vierbeiner spazieren gehen – aus Angst, anderen Hunden zu begegnen. An diesem Beispiel lässt sich verdeutlichen, wie »leidensfähig« wir Hundehalter sein können und sogar bereit sind, unseren Tag-Nacht-Rhythmus durcheinanderzubringen. Hilfreicher wäre es aber, die Führungsqualitäten zu verbessern.

Wenn Sie gewisse Parallelen zu Ihrem eigenen Erziehungsstil feststellen, möchten wir Sie ermutigen, nicht länger zu leiden und sich dem Thema zu stellen. Sie werden viel besser entspannen können, wenn Sie bereit sind, Ihren Hund zu lenken und zu führen. Übrigens hat Führungsqualität überhaupt nichts mit Druck, Strafe, Macht usw. zu tun. Man kann auch im positiven und tierschutzkonformen Bereich hervorragend führen und lenken.

Wenn der Führungsstil zu anspruchsvoll ist

Bleiben wir bei dem Beispiel, Sie und Ihr Hund treffen auf dessen »Erzfeind«, und gehen davon aus, dass Sie vielleicht zu viel dirigieren und vorgeben. Hier kann es zwar sein, dass der Hund aus der Situation genommen wird, er aber in diesem Fall keine Möglichkeit hat, selbst den Konflikt zu lösen. Bekommt der Hund die Lösung immer in einem starren Muster vorgegeben und gibt es keine Alternativen dazu, können wir keine Kreativität und keine Bewältigungsstrategien seitens unseres Hundes erwarten.
Der Stresspegel wird sich schlechter senken lassen, was sich wiederum auf den gesamten Organismus auswirkt.

Das richtige Maß macht's

Viele Hundehalter stresst das Thema Führungsqualität enorm. Darüber spricht man im Allgemeinen nicht gern, denn dabei beschleicht so manchen Halter ein ungutes Gefühl. Wenn man plötzlich führt und lenkt, könnte uns das der Hund übel nehmen.

Wir meinen zu erkennen, dass sich unser Hund von uns distanziert, wenn wir ihm plötzlich mitteilen, dass zum Beispiel andere Hunde nicht mehr angepöbelt werden, sondern es viel besser ist, an durchhängender Leine und mit guter Laune daran vorbeizugehen. Die gute Nachricht: Unsere Hunde sind nicht emotional nachtragend, wie vielleicht Menschen. Für den Vierbeiner ist ein »Ja« ebenso okay wie ein »Nein«. Beides wird akzeptiert, und wenn Sie in Ihren Entscheidungen konsequent sind, werden diese umso weniger von Ihrem Hund hinterfragt. Ihr Hund wird also bei einer neuen/anderen Entscheidung nicht gleich ins Tierheim auswandern wollen. Er freut sich über Ihre Klarheit. Oft denken wir zu menschlich, weil wir uns schwer tun, anderen Menschen gegenüber »Nein« zu sagen, und nicht in Kauf nehmen wollen, dass unser Gegenüber uns nicht mehr mag oder gar böse ist. Das ist bei unseren Hunden nicht so. Es gilt also, das möglichst optimale Maß an Dirigismus und emotionaler Nähe zu finden, um ein harmonisches Zusammenleben zu erfahren. Ein guter Moment also, auf den nachfolgenden Seiten Ihren Erziehungsstil zu testen.

Ihr Hund zieht an der Leine, um zu einem Artgenossen zu kommen. Einer entscheidet immer, entweder der Hund oder Sie. Wichtig ist jedoch, dass Sie die Entscheidung treffen und Ihren Hund entsprechend lenken.

HUNDETYPEN UNTER DER LUPE

Test: Wie ist Ihr Führungsstil?

Beantworten Sie die folgenden Fragen und machen Sie anhand Ihres Testergebnisses einen weiteren Schritt, um die Beziehung zwischen sich und Ihrem Hund noch besser zu verstehen.

1. Sie liegen entspannt auf dem Sofa. Ihr Hund möchte Sie zum Spiel auffordern. Er setzt seinen Dackelblick ein und bringt das Spielzeug gleich mit. Wie reagieren Sie?

A Ich bleibe liegen und verschließe die Augen fest. Meine Pause ist wichtig, und ich möchte dem Wunsch meines Hundes nicht nachgeben und meine Entscheidung ändern. Das gibt dem Hund Klarheit, wann seine Versuche Erfolg haben werden und wann nicht.

B Ich bin hin- und hergerissen. Einerseits möchte ich konsequent bleiben, damit der Hund in Zukunft das Fordern meiner Aufmerksamkeit unterlässt, aber auf der anderen Seite finde ich sein Verhalten auch niedlich und hätte jetzt nichts gegen ein Spiel. Ich entscheide mich dann aber und teile meinem Hund die Entscheidung mit. Entweder schicke ich ihn auf eine Decke oder animiere ihn selbst zum Spiel. Damit weiß er, was nun getan wird.

C Ich stehe auf und spiele mit ihm. Das Leben ist zu kurz, um immer konsequent zu sein. Ich mag das Spiel mit meinem Hund genauso gern wie er.

2. Ihr Hund fürchtet sich, einen fremden Raum zu betreten. Wie gehen Sie mit dieser Situation um?

A Da wir nun in den Raum hineinmüssen, nehme ich meinen Hund mit. Es hilft ja nichts. Ich gehe selbstbewusst vor und motiviere ihn mitzukommen. Durch diesen Schritt kann er sich an die Situation gewöhnen und lernt in Zukunft, dass ihm hier nichts Schlimmes passieren wird.

B Ich gebe meinem Hund Zeit, den Raum zu erkunden. Ich nähere mich mit ihm gemeinsam an und versuche zu vermitteln, dass er etwas Gutes und nichts Schlimmes erfahren wird. Ich passe mein Tempo dem Hund an, auch, wenn ich damit den »Verkehr« um uns herum aufhalte.

Je besser Ihr Führungsstil von Ihrem Hund akzeptiert wird, desto entspannter gestaltet sich Ihr Leben.

Test: Wie ist Ihr Führungsstil?

C Wenn mein Hund Angst hat, den Raum zu betreten, so muss er das nicht. Ich werde meinen Termin verschieben und das Betreten des Raumes zu einem anderen Zeitpunkt noch mal wiederholen. Vielleicht entscheidet er sich dann doch, in den Raum zu gehen.

3. Ein frei laufender Hund läuft im Wald auf Sie und Ihren Hund zu. Ihr Hund zeigt selbstsichere Angriffstendenzen und zieht an der Leine in Richtung des anderen Hundes. Was tun Sie?

A Ich richte mich auf, gehe mit auf den anderen Hund zu und versuche ihn zu verscheuchen. Meinen eigenen Hund versuche ich zeitgleich ins Sitz zu bringen, sodass er sich nicht einmischen muss. Er soll so lange warten, bis ich ihn aus der Position löse. Ich belehre den anderen Hundehalter über den Freilauf seines Hundes und die allgemeine Rechtslage in diesem Gebiet. Auch rechtliche Schritte behalte ich mir vor.

B Ich übernehme ich die Verantwortung für meinen Hund und lenke ihn durch ein »Sitz«, »Fuß« oder einen Laufwechsel in die andere Richtung an dem anderen Hund – so gut es geht – vorbei. Ich halte meinen Hund auf der Seite, an welcher sich der andere Hund nicht befindet, damit wir nicht gesplittet werden. Ich konzentriere mich auf »mein Team« und versuche schnellstmöglich den Abstand zum anderen Hund zu vergrößern, um mögliche Verletzungen zu vermeiden.

C Ich bekomme Angst und versuche, den Hund einfach nur festzuhalten. Das gelingt nicht immer. Daher machen mir solche Begegnungen große Sorgen. Am liebsten wäre ich in solchen Situationen unsichtbar.

Haben Sie Spaß bei diesem Test!
Welche Führungspersönlichkeit sind Sie? Dieser Test soll Ihnen einen kleinen Hinweis darauf geben – er gibt eine Tendenz an. Aber nichts ist »in Stein gemeißelt«. Es gibt auch sicherlich die eine oder andere Überschneidung in einem anderen Bereich. Daher gehen Sie mit einer entspannten Lockerheit an den Test. Nehmen Sie das Ergebnis wahr. Schauen Sie, was Ihnen daran gefällt, und denken Sie auch darüber nach, wenn Sie etwas überrascht hat. Stört Sie diese »Überraschung«, oder finden Sie diese sogar gut? Hören Sie in sich hinein und gehen auch diesem Thema auf den Grund. Sie können alle Ergebnisse fördern, die gut in Ihr Leben passen und die Hund-Mensch-Beziehung zwischen Ihnen und Ihrem Hund verbessern. Und Sie können sich von lästigen Dingen trennen, die Ihnen bewusst werden und Ihren Führungsstil bisher negativ beeinflusst haben. Nehmen Sie jede Chance wahr.

Große Freiheit für Sie und Ihren Hund, wenn Sie ihn problemlos überallhin mitnehmen können.

Auswertung

Sie haben überwiegend A angekreuzt
Sie bevorzugen einen klaren Führungsstil. Ihnen ist ein routinierter und konsequenter Umgang mit Ihrem Hund sehr wichtig. Sie wissen, dass Regeln das Leben vereinfachen und Sie somit dem einen oder anderen Konflikt aus dem Weg gehen können, beziehungsweise dieser erst gar nicht aufkommt. Der Vorteil für Ihren Hund liegt darin, dass er schnell und genau Bescheid weiß, was er darf oder unterlassen soll. Unnötige Diskussionen können Sie dadurch umgehen. Allerdings sollten Sie regelmäßig überprüfen, ob der Druck, der durch die genauen Regeln entsteht, nicht zu groß für Ihren Hund ist. Ihr Hund sollte alle Signale freiwillig umsetzen, weil er sie gemeinsam mit Ihnen machen möchte, und nicht etwa aus Angst vor einer Strafe.

Bitte beachten: Vergessen Sie den Spaß bei der ganzen Sache nicht. Schaffen Sie genug Freiräume für sich und Ihren Hund, in denen Ausgelassenheit, gemeinsames Spiel und Entspannung zu finden sind. Lassen Sie das eine oder andere Mal »alle fünfe gerade sein«, sprich akzeptieren Sie, wenn Ihr Hund einmal nicht alles perfekt gemacht hat. Kommt es nämlich doch zu einem Konflikt, wird Ihr Regelwerk durcheinandergeworfen, was Stress für Sie und Ihren Hund bedeutet. Versuchen Sie, sich nicht darüber zu ärgern und weitere Regeln anzuwenden, sondern nehmen Sie es locker. Respektieren Sie, dass andere Menschen und Hunde anders reagieren, als Sie es sich vorstellen. Ein weiterer Vorteil für eine gewisse Grundgelassenheit besteht für den Hund darin, dass er kreative Vorschläge machen kann. Er kann ausprobieren und eigene Bewältigungsstrategien erlernen. Das steigert sein Selbstbewusstsein und seine Sicherheit im Alltag.

Sie haben überwiegend B angekreuzt
Für Sie ist Führung wichtig, aber diese muss in Ihr Leben passen. Sie befolgen nicht blind jeden Rat, sondern schauen, ob der Tipp für Sie und Ihren Hund auch wirklich sinnvoll erscheint. Sie haben sich schon viele Gedanken gemacht, wie Sie mit Ihrem Hund umgehen wollen. Einige Regeln stehen bereits, die Sie und Ihr Hund inzwischen sicher ausführen.

Dennoch stoßen Sie im Alltag immer mal wieder auf Situationen, bei denen Sie überlegen müssen, wie die Lösung aussehen könnte. Sie durchleben diese Sequenzen und lernen aus dem Leben für das Leben. Eine Möglichkeit, sich ein gutes Repertoire

Tipp

Es kommt auf die Situation an

Natürlich lässt sich nicht alles immer in A, B oder C einteilen. Die Mischung macht es, denn es gibt im Alltag Situationen, in denen Sie mal wie A, aber in einer anderen wie B reagieren. Das hat auch damit zu tun, wie wichtig Ihnen die Themen sind. Machen Sie sich bewusst, was Sie wann haben wollen und setzen Sie sich damit auseinander.

anzueignen, wie man mit dem Hund in verschiedenen Situationen umgehen kann.
Bitte beachten: Behalten Sie stets Ihre gute Laune, und bleiben Sie ruhig. Diese Stimmung wird sich auch auf Ihren Hund übertragen, selbst wenn Sie das Gefühl haben, mitten im »Troubleshooting«, also der Suche nach der Lösung des Problems, zu stecken. So zeigen Sie Ihrem Vierbeiner, dass Sie dennoch alles im Griff haben. Machen Sie sich auch darauf gefasst, dass manche Dinge nur zu 80 Prozent umsetzbar sind – aber das ist in Ordnung! Sie können nicht die ganze Welt ändern, aber Ihre kleine schon. Ein guter Ausblick! Ihr Hund wird sich freuen, wenn er sich weiter an Ihrer Klarheit orientieren kann.

Tipp

Auch Sie verändern sich

Nichts ist in Stein gemeißelt, denn auch Sie verändern sich im Laufe Ihres Lebens. Mit Anfang 20 haben Sie Dinge zur Weißglut gebracht, die Sie heute souverän und locker wegstecken. Daher nehmen Sie sich die Tests in diesem Buch gern in regelmäßigen Abständen vor und schauen, was Sie angekreuzt haben. Gehen Sie damit heute noch konform?

Sie haben überwiegend C angekreuzt

Sie bevorzugen einen lockeren Führungsstil, wissen aber natürlich, dass Ihr Hund Ihre Hilfestellung und Führung braucht. Emotional stehen Sie und Ihr Vierbeiner sich sehr nahe. Das ist für den Hund wichtig, denn so kann er sich an die alltäglichen Dinge und Abläufe gewöhnen und diese stressfrei erleben. Allerdings stoßen Sie an Grenzen, wenn Sie mit Situationen konfrontiert werden, die Sie in diesem Moment überfordern. Dann ziehen Sie sich zurück, und Ihrem Hund fehlt die Orientierung. Das bedeutet, dass ein Hund, der mehrfach in eine solche und ähnliche Situation kommt, eine eigene Bewältigungsstrategie entwickelt. Diese geht mit unseren Wunschvorstellungen meist nicht konform. Aus Sicht des Hundes erscheint dies sinnvoll, da er feststellt, dass Sie in diesem Augenblick nicht führen können. Folglich übernimmt er das. Das machen Hunde nicht unbedingt freiwillig. Einige Hundehalter meinen, ihr Hund habe Spaß daran, Aggressionen gegenüber anderen Hunden und Haltern zu zeigen. In den meisten Situationen ist dieses Verhalten jedoch Selbstschutz.

Bitte beachten: Schreiben Sie Situationen auf, in denen es zu »Troubleshooting« kommt. Überlegen Sie, ob Ihr Hund mehr Führungsqualität von Ihnen erwartet. Stellen Sie fest, was Sie hemmt, eine höhere Führungskompetenz zu zeigen. Ist es die Furcht vor der konkreten Situation? Gehen Sie dieses Thema mit einem Hundetrainer an. Er kann Ihnen sicher Tipps geben, welche Lösungen für Sie parat stehen. Haben Sie generell Sorge, Führung, Verantwortung usw. zu übernehmen, lassen Sie sich in diesem Bereich durch einen Coach unterstützen. Oft sind diese Sorgen unbegründet, aber als Muster in unserem Gehirn verankert. Doch das lässt sich ändern.

Und noch ein Wort zur Bindung

Eine stabile Bindung zu seinem Hund muss man sich erarbeiten, durch Vertrauen, Zuwendung, Konsequenz, Klarheit und Geduld. Lernen Sie, was hinter einer guten Bindung steckt.

Egal, wie unterschiedlich Sie und Ihr Hund auch sein mögen – oder wie viele Gemeinsamkeiten Sie haben, müssen Sie für eine feste Bindung an ganz anderer Stelle ansetzen. Bindung ist die Basis für das Miteinander von Ihnen und Ihrem Hund. Sie entsteht vor allem durch Zuwendung, Nähe und Fürsorge. Aber auch, dass Sie sich Ihrem Hund gegebenüber stets klar, beständig, beherrscht und souverän verhalten. All das gibt dem Vierbeiner Sicherheit und zeigt ihm, dass er sich jederzeit auf Sie verlassen kann. So werden Sie und Ihr Hund ein Team, mit Ihnen als Teamchef.

Der Unterschied zwischen Beziehung und Bindung

Wir unterscheiden im Hundetraining gern zwischen Beziehung und Bindung. Lassen Sie uns die Unterschiede kurz erläutern..

- **Beziehungen zueinander** erreichen wir schnell. Gleich, wie sportlich, aktiv, gemütlich, arbeitswütig usw. sowohl Menschen, als auch Hunde sind – beide können sich sehr rasch, wenn sie es wollen, auf unterschiedliche Eigenschaften und Typologien einstellen. Hunde wissen beispielsweise meist schon nach einigen Sekunden, ob Sie den anderen Hundehalter oder seinen Hund mögen oder lieber einen Bogen um sie machen. Allerdings sind Beziehungen nicht exklusiv. Sie freuen sich etwa bei der Abendrunde mit Ihrem Hund über Frau Müller genauso wie über Herrn Schulte, wenn Sie sich begegnen. Treffen Sie die beiden am nächsten Tag nicht, ist das aber auch kein Beinbruch. Sympathie und Antipathie spielen eine große Rolle, und die individuelle Persönlichkeit, mit der wir kommunizieren, machen die persönliche Beziehung zueinander aus.
- **Bei einer Bindung** sieht es etwas anders aus. Zwar besteht diese ebenfalls individuell und wird durch unsere jeweilige Persönlichkeit zu etwas Besonderem. Doch etwas ganz Besonderes ist eine Bindung, weil sie exklusiv ist. Wie lange sind Sie schon mit Ihrem Partner zusammen? Seit einigen Jahren vielleicht. Stellen Sie sich vor, er oder sie würde morgen ausziehen. Diese Lücke in Ihrem Leben ließe sich nicht so einfach schließen. Da kann jetzt nicht plötzlich Frau Müller alternativ bei Ihnen einziehen. Eine Bindung zeichnet sich durch Vertrauen, Klarheit, Struktur, Nähe und vielem mehr aus. Diese haben Sie und Ihr Partner sich in den letzten Jahren gemeinsam erarbeitet. Daraus wird ersichtlich, dass eine bereits gefestigte Bindung zu Ihrem Hund auch nicht etwa durch ein Reh, das plötzlich aus dem Busch springt, erschüttert wird, nur weil Ihr Hund ihm lieber hinterherläuft, als auf Ihren Rückruf zu reagieren. Sollte Ihnen jemand das fälschlicherweise einreden wollen, dann atmen Sie Ihren Ärger einfach weg.

Berührungen durch fremde Menschen mag nicht jeder Hund. Eventuell muss man dies einfach respektieren.

Tipp

Druck abprallen lassen

Auch, wenn Ihr Plan mal nicht ganz so aufgeht, wie Sie sich das gewünscht hätten: Bleiben Sie sich selbst treu. Lassen Sie sich nicht von anderen Menschen von Ihrem Ziel abbringen. Das baut Druck auf, bei dem Sie in Folge meist Ihre eigenen Ideen infrage stellen und nicht mehr siegessicher umsetzen. Genau das aber würde die Bindung zu Ihrem Hund langfristig ins Wanken bringen. Lassen Sie andere reden. Nur Sie entscheiden, was Sie annehmen!

Die Bindung stärken

Kaum ein anderes Tier verbringt so viel Zeit mit uns und ist so sozial wie der Hund. Fast jeder Hundehalter wünscht sich daher eine besonders gute, vertrauensvolle Bindung zu seinem Vierbeiner. Doch Sie müssen nicht immer alle Geschütze auffahren, um die Bindung zu stärken. Sie brauchen auch keine ewig langen Trainingszeiten – ganz im Gegenteil. Im folgenden Kapitel erläutern wir ausführlich, warum dies sogar kontraproduktiv sein kann. Oft kippt nämlich ein zu langes Training in Stress – und dies ist nicht förderlich für die Bindung. Also gehen Sie es locker an und setzen Sie kleine Bindungs-Highlights mit Dingen, die auch Ihnen Spaß machen.

Zeigen Sie Ihrem Hund Ihre Zuneigung

Im eigenen Heim ist es ruhig und entspannt. In dieser Umgebung können Sie Ihrem Hund also Ihre Zuneigung zeigen und damit Ihre Verbindung und Ihr Vertrauen zueinander stärken. Forscher haben entdeckt, dass beim gegenseitigen Kuscheln sowohl beim Hund als auch beim Halter das Beziehungs- und Wohlfühlhormon Oxytocin ausgeschüttet wird. So wird die Bindung zwischen Hund und Halter noch stärker.

Nehmen Sie sich am Tag stets ein paar Minuten Zeit, um mit Ihrem Hund zu kuscheln. Dies geht zum Beispiel sehr gut vor dem Fernseher oder wenn Ihr Hund gerade entspannt auf dem Teppich liegt. Wichtig dabei: Oxytocin wird nur ausgeschüttet, wenn sich der Hund dabei wohlfühlt. Also Nicht-Kuschler bitte auch nicht in den Stress hineinkuscheln ... Apropos, Stress: Oxytocin ist übrigens der Gegenspieler zu Cortisol. Ein Hormon, das sich bei starkem Stress vermehrt und lange im Blut nachweisbar ist. Es kann den Körper und die Seele langfristig schädigen. Fokussieren Sie lieber auf die Oxytocinausschüttung.

Fürchtet er sich – so seien Sie da

Fürchtet sich Ihr Hund vor Gegenständen oder Lebewesen, bieten Sie ihm Unterstützung an. Leider hält sich noch immer das Gerücht sehr hartnäckig, dem Hund während seiner Angst besser nichts Gutes zu tun. Dies würde seine Angst nur verstärken. Das ist nachgewiesenermaßen falsch. Denken Sie daran, wie Oxytocin und Cortisol zueinanderstehen. Hat Ihr Hund Angst braucht er Ihre Unterstützung. Seien Sie für ihn da. Wichtig ist aber, dass Sie in diesem

Manchmal muss man auch, trotz vieler Pflichten, den Augenblick einfach nur gemeinsam genießen.

Heute keine Lust zum Taining? Kein Problem, morgen ist auch noch ein Tag.

Augenblick authentisch und selbst angstfrei sind. Sonst merkt Ihr Hund, dass Sie ihm nur etwas vorgespielt haben, und nimmt Ihnen Ihre »Stärke« in dieser Situation nicht ab. Dann hätte er allen Grund zur Sorge.

Spielen Sie mit Ihrem Hund

Eine ganz wichtige Komponente, die häufig vergessen wird: das Sozialspiel mit dem Hund. Spielen liegt in der Natur des Hundes. Viele Vierbeiner spielen gern mit Artgenossen. Beim Spielen fühlt sich der Hund wohl, und er kommuniziert mit seinem Spielpartner. Das können Sie sich zunutze machen, indem Sie selbst mit Ihrem Hund spielen. Die schönste Art des Spiels ist hier das Sozialspiel ohne Spielzeug, nur mit dem Körper. Sie können Ihren Hund jagen und sich jagen lassen, sich mit ihm kebbeln oder Scheinangriffe durchspielen. Ihr Hund wird es Ihnen mit Vertrauen und Zuneigung danken. Übrigens ergab auch hier eine Studie, dass bei Männern und Hunden jede Menge Oxytocin ausgeschüttet wird, wenn sie mit dem Hund auf dem Rasen toben.

Nun haben Sie einige Anregungen erhalten, wie Sie den Alltag schnell entspannt gestalten können. Im folgenden Kapitel widmen wir uns den Bedürfnissen des Hundes, die erfüllt sein müssen, damit er ganz entspannt in seiner Life-Dog-Balance leben kann.

Kommunikation ist immer das A und O

In Ihnen und Ihrem Hund steckt mehr, als Sie sich derzeit vielleicht zutrauen. Finden Sie gemeinsam neue und tiefere Kommunikationswege, die Sie beide entspannen und einander noch näher bringen.

Ihr persönliches Glücksrad

Lernen Sie die acht wichtigsten Kriterien kennen, die Ihr Hund und Sie brauchen, um sich wohlzufühlen. Diese einzelnen »Speichen« setzen wir zu einem Rad, Ihrem Glücksrad, zusammen ...

Entspannung heißt das Zauberwort, das für Sie und Ihren Hund gleichermaßen wichtig ist. Entspannt fühlt sich der Vierbeiner, wenn er Teil unserer sozialen Gemeinschaft ist und seinen festen Platz gefunden hat. Entspannen kann er, wenn Sie Entscheidungen für ihn übernehmen und er sie nicht permanent selbst treffen muss. Und Spielregeln gehören zu einem Ambiente, in welchem sich der Hund wohlfühlt, wenn er sie verstanden hat. Auch Sie selbst können den Alltag mit Hund wunderbar genießen, indem Sie sich Ihrem vierbeinigen Freund gegenüber souverän verhalten.

1. Lenken mit »Leitplanken«

Klare Linien unterstützen Ihren Hund. Lenken Sie ihn mit Herz und Verstand.

Das darfst du

Der Vierbeiner darf zum Beispiel an lockerer Leine mit uns spazieren gehen. Er darf den Napf leeren, wenn wir ihm das Freigabewort sagen, und er darf auch gern auf die Couch, wenn wir ihn mit einem freundlichen »Na, komm schon …« einladen. Indem wir ihn so durch den Alltag lenken, kann der Hund sich sicher fühlen. Er kennt schnell seinen »Tanzbereich«. Das Maß des Lenkens sollte immer dem jeweiligen Hund angepasst werden. Haben Sie eine Situation vor Augen, in denen Ihr Hund Angstverhalten zeigt, überlegen Sie, wo Sie ihm, durch optimaleres Lenken der Situation, Wohlbefinden vermitteln können.

Das darfst du nicht

Den Hund zu lenken, bedeutet auch, dass er lernen muss, was er nicht darf. Hierbei geht es nicht um Macht oder Druck, sondern in vielen Fällen um Schadensbegrenzung. Möchte Ihr Hund etwa über die Straße laufen, weil er dort eine läufige Hündin ausgemacht hat, ist ihm nicht klar, dass er auf dem Weg zu ihr von einem Auto überfahren werden kann. An dieser Stelle lenken Sie Ihren Hund, indem Sie ihn zurückrufen. Damit tun Sie etwas, was sein Leben rettet, auch, wenn Ihr Hund gerade glaubt, die Chance seines Lebens verpasst zu haben.

Sie setzen also Leitplanken und begrenzen Ihren Hund, um ihn zu schützen und auch die Umwelt nicht zu gefährden.

»Leitplanken« sind wichtig

Viele Hundehalter legen glücklicherweise großen Wert darauf, ihren Hund freundlich und tierschutzkonform zu erziehen. Aber manche Halter setzen deshalb dem Hund ungern Leitplanken. Der Hund weiß das, denn unsere Stimmung verrät ihm dies. Sein trauriger Blick manipuliert uns zunehmend. Achten Sie darauf, dass Sie Ihren Hund dennoch weiter schützen und eine Alternative zum ungewünschten Verhalten aufzeigen. Wenn Sie wissen, dass etwas gut für Ihren Hund ist, und es ihm auch so vermitteln, wird er es gern umsetzen.

Hunde lassen sich gern lenken. Wenn Sie dies über einen positiven Weg machen, stärkt das die Bindung.

Auch die tägliche Fütterung kann zu einem Ritual werden, das Hund und Halter Sicherheit vermittelt.

Mehr als nur faul sein. Feste Zeiten zum Ausruhen unterstützen die Life-Dog-Balance.

2. Regeln und Rituale

Sowohl Regeln als auch Rituale geben dem Vierbeiner eine gute Orientierung im Zusammenleben mit dem Menschen.

Regeln helfen

Hunde möchten von uns gelenkt werden. Das geschieht am einfachsten, wenn es dafür klare Regeln gibt. Erstellen Sie Ihr eigenes Handbuch, in welchem Sie die Regeln für sich und Ihren Vierbeiner aufschreiben. Sicher gibt es bereits Regeln. Doch gerade jetzt ist ein guter Moment, diese zu hinterfragen. Sollen die bisherigen Regeln weiterhin Bestand in Ihrem Leben haben, oder ist es Zeit für Veränderungen, weil diese nur noch aus der Gewohnheit heraus praktiziert werden, aber keinen tieferen Sinn mehr haben? Erneuern Sie Regeln, verbessern Sie sie, lassen Sie unnötige »von Bord gehen«. Nehmen Sie sich ungewünschte Verhaltensweisen vor, die neuer Regeln und Absprachen bedürfen. Für dieses Regelwerk sind Sie verantwortlich. Bedenken Sie, dass Ihr Hund sonst eigene aufstellt, die aber meist nur aus Sicht des Hundes logisch sind. Ihr Vierbeiner lebt aber in einer menschlichen Gemeinschaft und muss dort Halt und Orientierung finden. Ihre Regeln helfen ihm dabei. Schreiben Sie auf, was Sie sich wünschen, und gehen Sie die Themen an.

Rituale verinnerlichen und entspannen

Steht Ihr Regel-Handbuch, heißt es nun daraus Rituale zu schaffen. Die beste Regel hilft nämlich leider nicht, wenn Sie diese nicht konsequent umsetzen. Das Umlernen ist für Hund und Mensch schwerer, als etwas neu zu lernen – geben Sie sich Zeit. Schreiben Sie sich kleine Post-its und erinnern sich selbst an die Umsetzung. Kleben Sie diese an die Tür, den Spiegel, Kühlschrank usw. Also sichtbar, sodass Sie nicht drum herumkommen, Ihre Regeln anzuwenden. Keine Sorge, die Zettel können alle wieder weg, sobald die neuen Regeln zu Ritualen geworden sind. Übrigens, Hundetraining ist nichts anderes: Sie und Ihr Hund lernen neue Regeln kennen, die anschließend im Alltag so routiniert abgerufen werden können, dass keine Mühen oder Anspannungen nötig sind. Ziel bei Ihrem Training mit dem Hund sollte also sein, dass Ihr Training fließend in den Alltag übergeht.

Seien Sie fleißig

Vielleicht denken Sie jetzt, dass Sie das nachvollziehen können, aber sich Ihr Zweithund, nämlich Ihr innerer Schweinehund, zu Wort meldet. Konsequenz hilft an dieser Stelle schnell, aus einer Regel ein Ritual zu machen. Klappt es noch nicht hundertprozentig, so verlässt einen die Motivation etwas schneller. Setzen Sie sich Belohnungen. Erstens wirkt die Aussicht auf Erfolg belohnend: Je fleißiger Sie üben, desto schneller hat Ihr Hund die neue Regel verinnerlicht. Und wenn Sie eine Woche fleißig trainiert haben, schauen Sie, wie Sie Ihren Sonntag belohnend gestalten ... Übrigens, kann auch das zu einem schönen gemeinsamen Ritual werden, nämlich jeden Sonntag.

> **Tipp**
>
> *Auf die Umwelt achten*
>
> Schauen Sie als Erstes danach, welche Regeln und Rituale Ihnen und Ihrem Hund guttun. Gleichzeitig sollten Sie aber auch ein Auge darauf haben, was die Konsequenz Ihrer Regeln für Ihre Mitmenschen und Ihre Umwelt bedeutet. Es darf keiner zu Schaden kommen, weder Tier noch Mensch – im besten Fall auch keine Gegenstände. Somit darf ein Hund zum Beispiel nicht wildern, auch, wenn es ihm »Spaß« bringen würde, das Reh jedoch Todesangst hätte.

Jeder hat seine eigenen Regeln

Passen Sie alle Regeln an Ihre Bedürfnisse und die Ihres Hundes an. Regeln und Rituale lassen sich nicht verallgemeinern. Das sehen wir auch in der Hundeschule. Unterrichten wir eine Gruppe mit fünf Teilnehmern, stellen alle unterschiedliche Regelwerke auf. Eine Teilnehmerin wünscht sich, dass der Hund beim Signal »Hier« direkt zu ihr kommt und die Übung mit einem Vorsitz beendet. Ein anderer ist zufrieden, dass der Hund nur in seine Nähe kommt. Beides ist okay. Regeln finden Sie überall im Leben, im Alltag, im Training usw. Meist fehlen Regeln da, wo Probleme oder unerwünschtes Verhalten beim Hund auftauchen. Begeben Sie sich an dieser Stelle auf die Suche und schaffen Sie neue Absprachen.

3. Wahrnehmung

Entspannen kann man nur dann, wenn man sich wohlfühlt. Das gilt für Hunde ebenso wie für uns Menschen.

Propriozeption

Haben Sie schon einmal etwas von Propriozeption gehört? Dies beschreibt die Wahrnehmung von der Bewegung des (eigenen) Körpers und seiner Position in einem Raum. Es handelt sich somit um eine Eigenempfindung. Sie zeigt unter anderem an, ob man sich in einem Raum von Anfang an wohlfühlt oder man eher ein unangenehmes Gefühl hat. Das Gefühl kann sich jedoch auch verändern und wird unter anderem davon beeinflusst, wie es einem gerade geht.

Hat ein Hund dauerhaft Stress, fehlt ihm häufig auch die entspannte Wahrnehmung im und für einen Raum – oft auch für sich selbst. Fakt ist aber, dass zu jedem Zeitpunkt viele Außenreize auf uns einströmen, die wir sowohl bewusst als auch unbewusst wahrnehmen.

Unser Gehirn sortiert schnell und gibt uns als Feedback eine Empfindung. Genauso geht es unserem Hund. Sie haben sicher schon beobachten können, wie er sich an manchen Orten schnell entspannen konnte und an anderen nicht zur Ruhe kam. Nehmen Sie Orte, Räume, Spazierwege usw. bewusst wahr und schauen Sie, wie Ihr Hund reagiert. Fühlt er sich sicher oder unsicher – eine elementare Frage, die es zu beantworten gilt.

Machen Sie Ihren Garten zu einem Ort der Ruhe und prüfen Sie, ob Ihr Hund hier tatsächlich entspannen kann und keine Stressanzeichen wie etwa eine steife, angespannte Körperhaltung zeigt.

Beobachten Sie detailverliebt

Wenn Sie die Wahrnehmung Ihres Hundes schon gut erfassen können, schärfen Sie ihren Blick weiter im Detail. Ein Beispiel dazu: Sie spüren die Begeisterung Ihres Hundes, sobald Sie die Leine in die Hand nehmen. Doch während des Spaziergans gibt es immer wieder unterschiedliche Szenarien. Die ersten drei Hundebegegnungen meistern Sie mit Bravour und entspannt. Der vierte Hundekontakt ist aber an diesem Tag eine Herausforderung und zu viel für Ihren Vierbeiner. Ihr Hund zeigt Stress und fühlt sich unwohl. Nehmen Sie diese Stimmung wahr, holen Sie ihn möglichst zeitnah aus dieser Situation heraus. Besteht dazu noch kein durchdachter Trainingsplan, dann verändern Sie die Situation, indem Sie sich umdrehen und zurückgehen. Zeigen Sie Ihrem Hund, dass Sie ihn wahrgenommen haben, und entspannen Sie ihn so. Übrigens gibt auch die Leine dem Hund einen Bereich vor, in dem er sich zurechtfinden sollte.

Räume verändern sich

Örtlichkeiten verändern sich, wenn der Hund mit unterschiedlichen Reizen konfrontiert wird – wie obiges Beispiel deutlich macht. Wir müssen wachsam sein, um richtig reagieren zu können. Menschen haben von ihrem »Territorium« meist eine klare Vorstellung. Es kann beispielsweise am Gartenzaun enden. Für Hunde ist das unlogisch. Die Definition von Mein und Dein durch einen Zaun macht für ihn keinen Sinn. Sein Territorium würde er danach festlegen, wo es für ihn die besten Nahrungs-, Fortpflanzungs- und Rückzugsmöglichkeiten gibt. Diese »Denkweise« des Hundes können wir oft nicht nachvollziehen.

Schauen Sie, wie viel Abstand Ihrem Hund guttut. Der eine benötigt mehr Distanz, der andere weniger ...

Im Gegensatz zum Menschen fühlen sich Hunde in kleineren Bereichen oft wohler als in zu großen.

Sich selbst eine soziale Position zuzuordnen bedeutet, diese auch nach außen zu repräsentieren. Je nach Situation darf sie jedoch verändert werden. Sie können für Ihren Hund etwa sowohl Mentor als auch bester Kumpel sein.

4. Soziale Position

Täglich schlüpfen wir in verschiedene Rollen. Mal sind wir Mutter, Chefin, Mentor, Mitarbeiter, Ehefrau, Partner usw. Dabei fühlen wir uns in manchen Rollen besonders wohl und manche übernehmen wir, weil wir meinen, dies tun zu müssen. Ähnlich geht es unseren Hunden. Sie setzen die soziale Position um, die aus ihrer Sicht gerade angemessen oder erforderlich scheint. Das Schlüpfen in verschiedene Positionen ist im Alltag unumgänglich. Nutzen Sie aber die Chance, speziell um Ihre Life-Dog-Balance zu halten/zu erreichen, und verbinden Sie diese Funktion mit etwas Angenehmem!

Beginnen Sie bei sich

Zu welchem Hundetyp passt welcher Haltertyp (→ Seite 28)? Beantworten Sie die folgenden Fragen:

- Welche soziale Position sollten Sie für Ihren Hund einnehmen? Was tut ihm gut?
- Wer möchten Sie für Ihren Hund sein?
- Ist die soziale Position, die Ihr Hund derzeit hat, gut für ihn, oder kann er durch einen Positionswechsel entlastet werden? Dasselbe gilt auch für Sie.

Ordnen Sie Ihre soziale Position einer Rolle mitten aus dem Leben zu: In welcher sehen Sie sich bei Ihrem Hund. Sind Sie …

- ein Coach.,
- ein Chef,

- ein Freund,
- ein Kumpel,
- eine Mutter,
- eine Königin,
- ein Mitarbeiter,
- ein Kind.
- …

Veränderungen fangen bei Ihnen an

Schnell stellt sich bei den genannten Rollen ein Gefühl ein. Sie können nun entscheiden, ob Sie diese Position einnehmen möchten. Vielleicht stellen Sie fest, dass Sie für Ihren Hund zum Beispiel nicht der Hofnarr, sondern die Königin sein wollen. Dann wird es Zeit, dass Sie sich verändern. Leben Sie die soziale Position, die Sie einnehmen wollen. Ihr Hund wird Ihnen direkt ein Feedback geben, da er Ihre Veränderung sofort spüren und sich darauf einstellen wird. Finden Sie Ihre soziale Position und die des Hundes, um ihm Sicherheit in allen Lebenslagen zu vermitteln.

Machen Sie Ihre soziale Position alltagstauglich

Es gibt viele Momente mit Ihnen und Ihrem Hund, die super laufen. Welche soziale Position haben Sie und Ihr Hund dabei eingenommen – in welchem Verhältnis stehen Sie, dass es so gut funktioniert? Wichtig: Die soziale Position muss Ihnen Spaß machen. Das gilt eigentlich für alle Lebenslagen, aber nicht immer gelingt das. Bei Ihrer Life-Dog-Balance können Sie aber damit beginnen und es später in andere Lebensbereiche ausweiten. Um Ihre soziale Position besser zu definieren, bilden Sie zu Ihrer Rolle am besten noch zehn Adjektive, womit Sie diese verbinden.

> ## Tipp
>
> ### Sich in die Rolle einfinden
>
> Nehmen Sie sich Zeit, um herauszufinden, wer Sie sind und wer Sie sein wollen. Sie sollten authentisch sein, Sie sollten sich selbst mögen. Haben Sie die richtige soziale Position gefunden, werden Sie lernen, Konfliktsituationen mit Ihrem Hund souverän zu meistern. Sie stellen fest, dass Sie keine Angst haben müssen, sondern viele Probleme verschwinden und Ihr Hund lernen kann, sich auf Sie zu verlassen. Es wird Sie und Ihren Hund entspannen.

Flexibel sein

Es kann sein, dass Sie in unterschiedlichen Situationen mehrere soziale Positionen und Funktionen haben. Zu Hause möchten Sie vielleicht nur ein Kumpel für Ihren Hund sein, mit dem man abends gemütlich auf der Couch liegt. Auf dem Spaziergang reicht der Kumpel möglicherweise nicht aus, weil Ihr Hund aufgrund seines pubertären Alters gleichzeitig einen Vorbildcharakter benötigt, der Sicherheit vermittelt und lenken kann. Sie werden vom Kumpel zum Mentor für ihn. Passen Sie Ihre soziale Position an die jeweiligen Begleitumstände an. Bekommt Ihr Hund konsequent den Mentor, wenn er ihn benötigt, verschwinden Probleme schnell – dennoch darf abends auf der Couch gekuschelt werden.

> **Tipp**
>
> *Kleines Spiel zwischendurch*
>
> Legen Sie kleine Leckerchen parat. Geben Sie Ihrem Hund diese einzeln im Lauf des Tages – einfach so, ohne Gegenleistung. Beobachten Sie aufmerksam, wie Ihr Hund das Leckerchen nimmt, zerkaut und sich verhält. Mehr ist in diesem Augenblick nicht wichtig. Bleiben Sie ruhig und warten Sie, bis er aufgekaut hat, ehe Sie sich von ihm entfernen. Verändert sich das Verhalten des Hundes, wenn Sie die Übung in den nächsten Tagen wiederholen?

5. Konzentration auf sich, den Hund und das Training

Noch mal eben schnell mit dem Hund trainieren, das passt schon irgendwie. Wer kennt das nicht? Fallen dann Wörter in unseren Gedanken wie »irgendwie ... eben ... schnell ...«, wissen wir, dass wir im Zukunftsmodus sind und dabei meist gleichzeitig auch noch planen, was es zum Abendessen gibt oder, dass der Steuerberater angerufen werden muss ... Aber woher soll der Hund nun wissen, dass wir möchten, dass er genau jetzt den Rückruf umsetzen soll? Denn wir sind gedanklich gar nicht beim Training, und das spürt der Hund. Tausend Gedanken schwirren in unserem Kopf – und das alles gefühlt gleichzeitig.

Hunde leben im Hier und Jetzt

Durch den Aufbau unseres Gehirns sind wir in der Lage, in der Gegenwart zu leben und zu handeln, gleichzeitig die Zukunft zu planen und über die Vergangenheit zu grübeln. Das klingt gigantisch, aber Sie selbst wissen, dass dies wohl eher die Stresskurve nach oben befördert, wir uns eher verzetteln, als wirklich ein Ziel konzentriert und entspannt zu erreichen. Wir neigen dazu, in kürzester Zeit möglichst viele Ziele erreichen zu wollen. Abends liegen wir fix und fertig auf der Couch und können uns kaum motivieren, die Abendrunde mit dem Hund zu gehen. Das zieht ein schlechtes Gewissen nach sich. Willkommen Teufelskreis. Und morgen geht es genauso weiter ...

Ein Hund hat da ganz andere Gaben

Ein Hund lebt im Hier und Jetzt. Er ist ein Meister darin, zu erkennen, wie es um ihn, uns und die Begleitumstände steht, weil er bei sich in der Gegenwart ist und diese erlebt. Er kann zwar – etwa über Verknüpfungen – das in der Vergangenheit Gelernte abrufen, aber das macht er der jeweiligen Situation angepasst. Auch plant er nicht die Zukunft und macht sich keine Sorgen darum, was in 14 Tagen sein könnte. Möchten Sie mit Ihrem Hund in Zukunft näher zusammenwachsen, nehmen Sie dieses Wissen als Grundlage im Umgang mit Ihrem Hund mit und seien Sie konzentriert bei ihm, wenn Sie mit ihm kommunizieren. Das ist für Sie beide gesünder.

Ihr Hund ist bereits da – seien Sie es auch

Ein Hund ist eigentlich immer bei der Sache, spiegelt aber Ihre Aufmerksamkeit und passt seine dazu individuell an. Sind Sie

Ihr persönliches Glücksrad

Sobald Sie Ihre Aufmerksamkeit auf einen anderen Fokus legen, tut es auch Ihr Hund.

Sind Sie aber präsent und auf Ihren Hund fokussiert, dann ist er es auch.

nicht konzentriert, wird er es auch nicht sein. Sind Sie bei ihm, im Kontext oder im Training, wird er es auch sein. Wenn Sie mit Ihrem Hund trainieren, dann seien Sie mit Ihren Gedanken nur bei Ihm und der Situation. Seien Sie präsent mit Ihrem Körper und Ihren Gedanken. Ihr Hund wird automatisch den Fokus auf das richtige Verhalten legen, wenn Sie es ihm vormachen und Ihre Gedanken in die gewünschte Richtung lenken. Ihre Konzentration sollte auf drei wichtigen Dingen liegen:
- Was ist das Ziel dieser Übung?
- Welches Trainingskriterium übe ich? Was ist der genaue Trainingsschritt?
- Welches Verhalten belohne ich?

Weniger ist mehr

Wie lange kann man überhaupt konzentriert sein? Dies ist eine gute Frage und natürlich bei jedem Menschen individuell verschieden. Was sich in den Zeiten der Digitalisierung jedoch zeigt, ist, dass wir uns schneller ablenken lassen im Gegensatz zu früher, als wir uns konzentrierter um Dinge kümmerten. Werfen Sie Überflüssiges über Bord. Nur Sie und Ihr Hund – im Hier und Jetzt! Das ist das Wichtigste. Stellen Sie sich zudem einen Timer ein und testen Sie Ihre Konzentration. Wenn Sie in der Lage sind, sich 30 Sekunden zu konzentrieren, erhöhen Sie die Trainingseinheiten. Trainieren Sie aber nicht über Ihre Grenzen hinweg.

> **Tipp**
>
> *Es ist gar nicht so leicht, ...*
>
> ... sich immer ganz ernst zu nehmen und an sich zu glauben. Erinnern Sie sich an Trainingssituationen, in denen nichts klappte. Sie wollten Ihrem Hund etwas beibringen und machten es exakt so, wie Ihr Trainer es Ihnen zeigte, aber nichts ging. Häufig liegt es daran, dass man nicht an sich, die Übung und/oder an das Können des Hundes glaubt. Gestalten Sie ab jetzt alle Übungen so, dass Sie an Ihren Erfolg glauben können, und Sie werden ihn merklich spüren.

6. Klarheit für Sie und Ihren Hund

Hunde werden in unsere Obhut aufgenommen. Sie nehmen an unserem Leben teil und müssen sich in unserer Welt zurechtfinden. Die Vierbeiner sind auf unsere Hilfe und Klarheit angewiesen, um sich in ihrem Alltag sicher zu fühlen.

Wir können nicht erwarten, dass uns unser Hund einfach so vertraut nach dem Motto: »Mein Mensch wird es schon richten, wenn ich mich unsicher fühle.« Erstens müssen wir in der jeweiligen Situation selbst daran glauben, dass wir alles im Griff haben. Und zweitens dem Hund zeigen, dass wir ein glaubwürdiger Partner sind. Jeden Tag geraten wir als Hundehalter in Situationen, bei denen der Kopf gegen das Bauchgefühl stolpert und beide anderer Meinung sind. Auch wenn Sie sich sicher manchmal sagen: »Hätte ich bloß auf mein Bauchgefühl gehört ...«, denken Sie bitte stets daran, wie wichtig die Klarheit für Ihren Hund ist. Ging eine Situation schief, liegt dies meist daran, dass der Kopf »Ja« sagte und das Bauchgefühl »Nein«.

Ihre (Un-)Klarheit begleitet Sie immer

Dazu ein Beispiel: Sie trainieren mit Ihrem Hund seit einigen Wochen das Laufen an lockerer Leine. Unterstützt werden Sie von Ihrer Hundeschule. Ihr Trainer hat sie gut angeleitet, Sie haben viele Erfolge. Ihr Hund läuft auf Ihren Spaziergängen in vielen Situationen bereits prima an der Leine. Sie wissen, dass Ihr Hund zu 85 Prozent entspannt ohne Ablenkung läuft.

Ihr Trainer motiviert Sie nun, den Vierbeiner unter mehr Ablenkung zu trainieren. Sie wissen selbst, dass Sie dies im Alltag mehr üben müssten. Vielleicht haben Sie bereits ein schlechtes Gewissen, weil Sie einige Situationen, die sich bestens zum Training geeignet hätten, aus verschiedensten Gründen gemieden hatten (zu viel Stress, keine Zeit, Besuch des inneren Schweinehundes usw.). Folglich sagt Ihr Kopf: Jetzt aber! Ihr Bauch legt jedoch ein Veto ein, da er empfindet, dass der entgegenkommende Reiz – etwa ein anderer Hund – für heute, eben indiesem Moment, zu groß ist. Ihr Körper stellt sich auf Flucht ein, aber der Verstand siegt. Sie gehen in die Begegnung, und diese misslingt. Zufall oder nur Pech? Nein, vorhersehbar. Sie waren unklar für Ihren Hund. In diesem Moment haben Sie nicht an sich selbst geglaubt und es nicht geschafft, den Trainingsplan umzusetzen. Sind wir nicht klar und zielstrebig, werden wir auch die Technik nicht richtig umsetzen können. Das Timing »wackelt«. Wir setzen falsche Signale, wie etwa unbewusst an der Leine zu ziehen, und unser Hund ist schneller verwirrt und wir frustriert, als uns lieb ist.

Misserfolge zwar wahrnehmen, aber bitte nicht ärgern

Bevor Sie sich also ins Training stürzen und Ihre Klarheit im Umgang mit dem Hund und der Situation hinterfragen, ist es wichtig, dass Sie lernen, sich nicht über Misserfolge zu ärgern. Zum Trainingsprozess von Life-Dog-Balance gehört es nämlich, sich selbst besser wahrzunehmen – ein toller Nebeneffekt für Sie. Aber: Folglich fallen Ihnen jetzt auch Situationen auf, in denen Sie merken, dass Sie vielleicht nicht souverän genug reagiert haben. Doch dieses Wissen begleitet Sie schon eine ganze Weile und tritt somit nicht plötzlich auf, nur weil Sie jetzt anders mit Ihrem Hund trainieren. Aber jetzt nehmen Sie die Problematik ganz bewusst wahr – und das ist gut so.

Wichtig also:
- Nehmen Sie das Problem wahr.
- Ärgern Sie sich nicht über einen Misserfolg beim Training.
- Überlegen Sie stattdessen, wie Sie sich in Zukunft eindeutiger Ihrem Hund gegenüber verhalten können. Wann sind Sie (wieder) glaubwürdig – welche Hilfsmittel und Hilfestellungen benötigen Sie dazu?

Wenn es mal so gar nicht laufen will, akzeptieren Sie diesen Zustand und verschieben Sie das Training am besten auf einen anderen Tag. Ihr Hund wird es Ihnen danken.

7. Mein Körper

Unsere Körpersprache ist für unsere Hunde wichtig. Das ist bekannt. Dennoch achten wir meist zu wenig darauf. Oder nur dann, wenn der Trainer hinter uns steht und uns beispielsweise darauf aufmerksam macht, dass wir uns bei der Aufforderung zum Sitz-Signal nicht zu weit über den Hund beugen sollen. Nun kommt die spannende Frage an Sie: Welche Körperhaltung haben Sie Ihrem Hund gegenüber, wenn Sie …

- mit ihm kommunizieren und alles klappt.
- mit ihm kommunizieren und nichts klappt.

Zeigen Sie Ihrem Vierbeiner eine aufrechte und zielgerichtete Körpersprache, dann orientiert er sich in jedem Fall schneller und besser an Ihnen.

Dazu gehört:
- Ein aufrechter Gang
- Füße, Becken, Brust, Schultern und Kopf sind in einer Linie Ihrem Ziel zugewandt ausgerichtet, die Hände am besten auch.

Alle aufgezählten Körperteile können Sie einzeln justieren und dosieren, so, wie es die Situation verlangt. Vielleicht bedarf es ein wenig Übung, aber die macht bekanntlich den Meister. Je mehr Ihre Bewegungen im Fluss sind, desto leichter fallen sie und desto entspannter sind Sie.

Ihr Hund kann Sie gut lesen, wenn:
- Ihr Körper nicht übergebeugt ist – weder nach vorne noch nach hinten oder zur Seite. Stehen Sie gerade in entspannter (Yoga-)Haltung.

Schon von Weitem kann man einen angespannten Körper ausmachen, wie zum Beispiel an der nach hinten gezogenen Hand dieser Hundehalterin, die die Leine festhält.

- Machen Sie keine schlackernden Bewegungen. Ihr Körper ist normal angespannt und vermittelt dem Hund Klarheit.
- Hand- und Armbewegungen sind zielgerichtet. Der Hund merkt, dass sich der Halter zuvor einen Plan gemacht hat.
- Blicken Sie immer Ihrem Ziel entgegen.

Wechselwirkung

Stellen Sie sich vor Ihren Hund und lassen Sie Ihren Körper hängen. Schultern, Kopf, Blick, Arme, alles zieht nach unten. Wie reagiert Ihr Hund? In den meisten Situationen werden Sie erleben, dass Ihr Hund sich abwendet und attraktiveren Hobbys nachgeht. Stellen Sie sich dagegen aufrecht hin, halten eine für Sie angenehme Körperspannung, lenken den Blick auf ihn und strahlen ihn an, wird er länger bei Ihnen bleiben und hinterfragen, was Sie beide wohl als Nächstes vorhaben. Testen Sie die Wirkung einzelner Körperteile auf Ihren Hund. Nimmt er zum Beispiel Ihre Schultern wahr? Brauchen Sie jetzt noch eine ganze Armlänge, um dem Hund den Weg zum Körbchen zu zeigen, reicht später ein leichtes Nachvorneschieben der Schulter.

Der Trick mit der Körpersprache

Oft versuchen wir schnell, eine bessere Stimmung zu bekommen. Doch die steht in Zusammenhang mit unseren Emotionen, die sich meist nicht so schnell verändern lassen. Verbessern Sie stattdessen Ihre Körpersprache, dann verbessern Sie auch Ihre Gedanken. Das ist nachgewiesen. Also: Brust raus, Schultern gerade, Kopf hoch, aufrecht gehen und schon ziehen die vielen kleinen Nervenzellen nach und die Stimmung hebt sich.

Ist Ihre Körperhaltung gut ausgerichtet, so wird sich auch Ihr Hund anpassen. Probieren Sie es aus.

Die Körpersprache sollte deutlich sein, aber immer einer freundlichen Situation angepasst.

Pausen müssen sein. Ihr Vierbeiner darf sich auch gern einmal nur mit sich selbst beschäftigen.

Einfach mal die Seele baumeln lassen – selbst das unterstützt die Bindung zueinander. Genießen Sie Ihre Zeit.

8. Innere Balance

Es ist so leicht gesagt, aber Stress beeinflusst uns alle – tagtäglich über Jahre hinweg. Hunde erleben genau wie wir Menschen auch Stress, positiven und negativen. Um Ihre Life-Dog-Balance herzustellen, sollte somit auch dieser Punkt Beachtung finden. Schließlich kann bei jedem von uns ein wenig mehr Entspannung nicht schaden.

Wie Ihr Hund Ihnen Stress anzeigt

Um Stress zu reduzieren, müssen Sie erst einmal herausfinden, wie Ihr Hund Ihnen mitteilt, dass er Stress hat. Typische Anzeichen sind etwa: hecheln, Unruhe, Spontanschuppung, kratzen, aufreiten, bellen, jaulen usw. Bestimmt haben Sie solche Sequenzen beobachten können. In welchem Kontext war das? Was hat Ihrem Hund Stress gemacht? Haben Sie den Stressor gefunden und eliminieren können?

Die Natur hat an alles gedacht

Hat ein Organismus Stress, reagiert der Körper sofort. Es muss ja wieder alles in Balance gebracht werden, sodass der Körper entspannt und die Stresshormone abgebaut werden können. Dabei hat der Körper vier Möglichkeiten, auf Stress zu reagieren. Auf den Vierbeiner bezogen sind das folgende:

- Der Hund flieht. Das ist natürlich nur möglich, wenn er Platz zum Fliehen hat. An der Leine also oft schwierig. Vielleicht haben Sie aber beobachtet, dass Ihr Hund sich durch einen größeren Abstand wieder wohler fühlt. So hat er eine Bewältigungsstrategie erlernen können und umgeht einen Konflikt.
- Der Hund greift an. Hierbei stellt er sich einem Konflikt durch das Einsetzen von Aggressionsverhalten. Aggression dient der Kommunikation und ist nicht per se als böse zu interpretieren.
- Der Hund zeigt Übersprungsverhalten. Das bedeutet, er verhält sich so, dass dies weder zu der vorhandenen Situation passt noch wirklich eine Lösung ist. Rennt Ihr Hund etwa einem anderen Hund hinterher und Sie rufen ihn zurück, hat er einen Konflikt. Soll er dem anderen Hund folgen, was sein Bedürfnis wäre, oder lieber zu Ihnen kommen? Es kann sein, dass er sich erst einmal hinsetzt und sich kratzt.
- Manche Hunde erstarren. Sie nehmen dann die Form eine Statue an und versuchen so den Konflikt zu umgehen.

Der Hund – der Stratege

Der Hund wählt seine Strategie nach dem bisher erlernten Erfolg, seiner genetischen Disposition und dem jeweiligen Kontext. Was zeigt Ihr Hund? Oft bemerken Hundehalter nur die intensiv gezeigten Reaktionen, wie etwa das Anpöbeln anderer. Das zuvor vorausgegangene unruhige Schnüffeln auf der Wiese wurde nicht als Stressanzeichen wahrgenommen. Der Hund teilte uns jedoch so schon länger mit, dass die Situation Stress verheißen könnte. Helfen Sie ihm durch frühzeitige Stresserkennung.

> ## Tipp
> *Auf Stress einwirken*
>
> Oft bemerken wir beim Hund erst spät, wenn etwas nicht stimmt, etwa, wenn er Aggressionsverhalten zeigt. Halten Sie die Stressachse geringer, indem Sie beobachten, welche Anzeichen Ihr Hund unmittelbar vor dem aggressiven Verhalten zeigt. Das sind oft andere Stressanzeichen, wie zum Beispiel sich kratzen, schnüffeln, unruhiges Umherlaufen. Geben Sie ihm an dieser Stelle schon eine andere Aufgabe, sodass sich sein Stresspegel gar nicht weiter aufbaut.

Der (stressige) Balanceakt

Finden Sie die richtige Dosierung an Stress und Entspannung, die Ihren Hund gut durch Ihren gemeinsamen Alltag kommen lässt. Stress ist nicht per se schlecht, sondern kann auch nötig sein, um sich weiterzuentwickeln. Aber er muss in Maßen vorkommen und darf den Organismus nicht über- oder unterfordern. Haben Sie mehrere Hunde, ist es lohnenswert, bei jedem das individuelle Stressverhalten zu erkennen. Gehen Sie den Hundealltag im Geist durch. Wann erlebt Ihr Hund Stress, und was passiert danach? Hat er genug Möglichkeiten, sich zu erholen? Schaffen Sie genügend Phasen am Tag, sodass ein Wechsel zwischen Anspannung und Entspannung stattfinden kann. Das hält Ihren Hund fit.

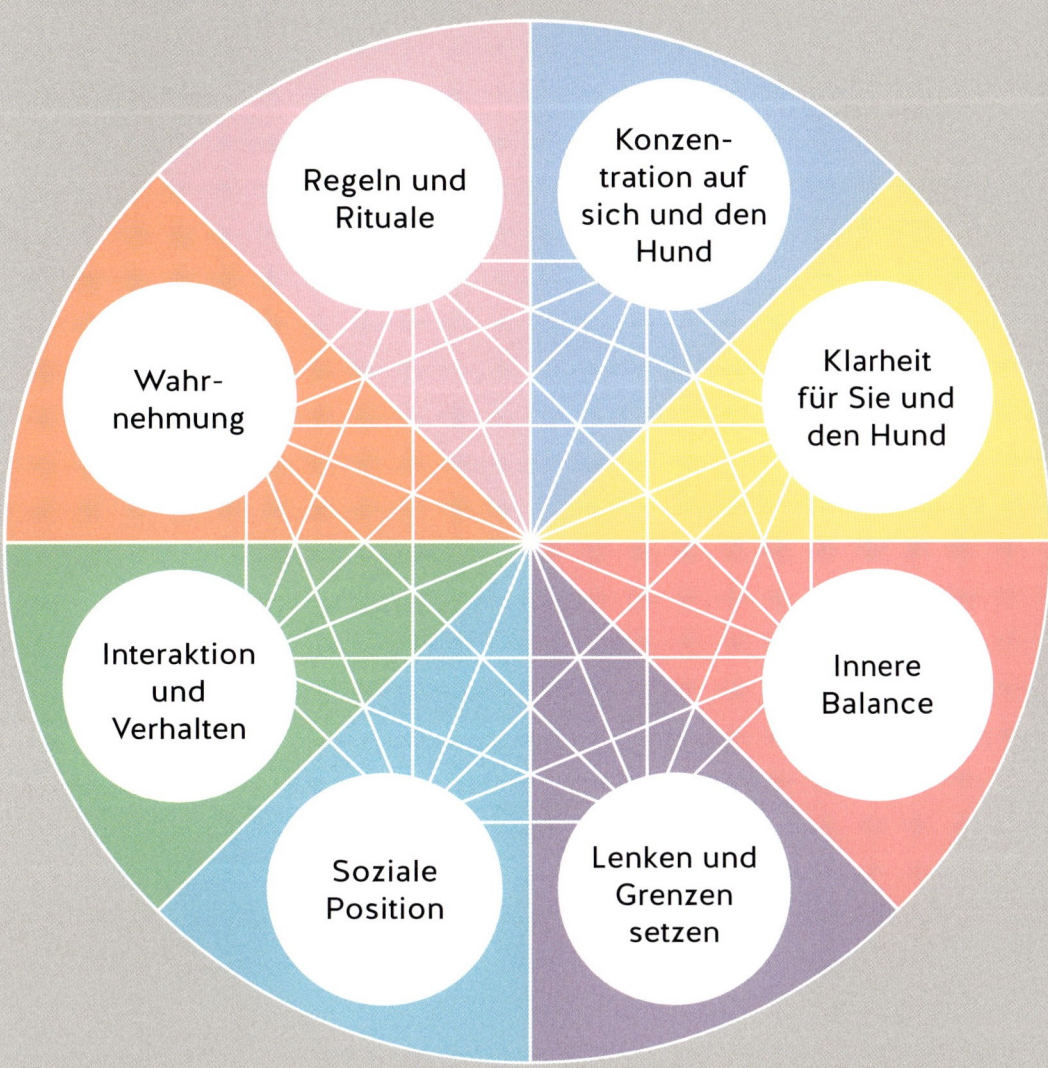

Schauen Sie sich Ihr Glücksrad an. Prüfen Sie, was bei Ihnen gut läuft und was nicht. Da alles miteinander in Verbindung steht, werden Sie schnell erkennen, wo Sie im Alltag und Training ansetzen können. Das wird Sie und Ihren Hund entspannen.

Das Glücksrad zusammenfügen

Jetzt kennen Sie die acht wichtigsten »Speichen« des Glücksrads, die Ihnen einen entspannten Alltag mit Hund garantieren. Die beste Wirkung erzielen Sie, wenn Sie alle Punkte vereint anwenden.

Ihr Glücksrad soll Sie begleiten

Probieren Sie doch einfach Ihr eigenes Glücksrad in Ihrem Alltag aus – mit und ohne Hund: Nutzen Sie kleine Gelegenheiten, wie etwa eine simple Sitzübung mit Ihrem Vierbeiner. Sie fordern ihn freundlich zum »Sitz« auf. Setzt er es um? Geht es Ihnen beiden gut dabei? Dann liefen gerade die Speichen Ihres Glücksrads rund und harmonisch miteinander. Lassen Sie Revue passieren, ob das stimmt – auch, wenn die Übung gut geklappt hat. Klopfen Sie ab, inwiefern Sie die einzelnen Speichen eingesetzt beziehungsweise umgesetzt haben. Beschäftigen Sie sich dabei, wie Sie mit Ihrem Hund umgegangen sind. Lernen Sie schneller zu erkennen, was und warum genau geklappt hat.

Und wenn die Übung nicht klappt?

Funktioniert eine Übung nicht oder nicht so, wie Sie sich das Ergebnis erhofft hatten, überprüfen Sie neben Ihrem Ziel und den Trainingsplanungen Ihr Glücksrad. Welche der acht Punkte liefen nicht gut? Waren es einer oder mehrere? Wann beeinflussten sich diese Punkte? Haben Sie die Ursache gefunden, überlegen Sie, wie Sie Ihr Rad wieder ins Laufen bekommen können.

Filmen Sie sich gern beim Training. So können Sie auch »von außen« beurteilen, was bei Ihnen und Ihrem Hund schiefgelaufen ist und warum die Übung nicht geklappt hat. Sie werden merken, dass Sie schon mit kleinen Veränderungen direkten Einfluss auf Ihr Leben und Ihren Alltag mit Ihrem Hund nehmen können. Geben Sie sich nun auch noch die nötige Zeit, wird Stress bald der Vergangenheit angehören. Damit kommen Sie Ihrer Life-Dog-Balance wieder einen Schritt näher.

Vergessen Sie nicht bei all Ihrem Training, Ihre kleinen und großen Erfolge zu feiern und zu genießen.

Wie sag ich's meinem Hund?

Kommunikation unter Menschen ist schon nicht immer einfach. Wenn wir nun aber auch noch mit unserem Hund verständlich kommunizieren wollen, müssen wir verstehen, wie er die Welt sieht.

Miteinander kommunizieren heißt, sich verständigen und austauschen, was aber auch die Gefahr in sich birgt, missverstanden zu werden. Missverständnisse zwischen Mensch und Hund sind nicht selten. Es ärgert uns, und macht uns sogar wütend, wenn der Hund zum Beispiel mit schmutzigen Pfoten direkt nach dem Herbstspaziergang auf das Bett springt, obwohl wir mit dem Handtuch noch im Flur warten, um seine Pfoten zu reinigen. Aber was ist schief gelaufen? Haben wir vielleicht unserem vierbeinigen Freund nicht richtig vermittelt, dass wir das nicht möchten?

Über Kommunikation und Missverständnisse

Weiß der Hund, dass er etwas falsch gemacht hat, wenn er mit schmutzigen Pfoten aufs Bett springt? Haben wir ihm die Spielregeln zuvor verständlich und »hundegerecht« erklärt? Wie war unser Timing, und wo zum Henker war unser intaktes Glücksrad?! Also – durchatmen und nicht ärgern! Stattdessen gehen wir an die kommunikative Basis und setzen so an, dass unser Hund uns in Zukunft verstehen kann und im besten Fall vor dem Eintritt in die Wohnung die Pfote anhebt und bereit zum Säubern ist ...

Was für Sie wichtig ist

Neben den verschiedenen Kommunikationsmöglichkeiten zwischen Mensch und Hund, die wir uns auf den folgenden Seiten noch genauer anschauen werden, spielen auch noch andere Faktoren eine wichtige Rolle bei Ihrem entspannten Leben mit Hund. Dazu gehört:

- Das genaue Studieren des Ausdrucksverhaltens Ihres Vierbeiners. Wie erkennen Sie zum Beispiel, ob Ihr Vierbeiner spielt oder Aggressionsverhalten zeigt? Wann droht er aus Angst und wann fühlt er sich überlegen? Sie sollten sich auch damit auseinandersetzen, wie Hunde Konflikte selbst abschwächen können (→ Bücher, die weiterhelfen, Seite 173).
- Das Auseinandersetzen mit den diversen Lerntheorien. Sie sollten genau verstehen, wie Ihr Hund lernt. In diesem Buch finden Sie an vielen Stellen bereits wichtige Lerntechniken, an denen Sie sich orientieren können.

Digitale und analoge Kommunikation

Hunde kommunizieren untereinander sehr fein und subtil. Damit wir aber mitreden können und verstehen, was sie uns sagen wollen, müssen wir genau hinschauen und erkennen, worauf wir achten müssen. Damit fördern wir ein entspanntes Zusammenleben und können ungewollte Konflikte mit uns Menschen und mit Artgenossen des Vierbeiners frühzeitig umgehen. Dazu sollten wir uns auch die Unterschiede in der Kommunikation ansehen, denn Menschen pflegen eher die digitale Kommunikation und Hunde die analoge ...

Der Computer, das fremde Wesen. Warum verändert Frauchen nur so oft die Stimmung, wenn sie davor sitzt?

> **Tipp**
>
> *Schnelle Entspannung*
>
> Auf Knopfdruck ist Entspannung selten herbeizuführen, aber oft fällt es leichter, Situationen durch eine »andere Brille« wahrzunehmen. Lassen Sie negative Erlebnisse mit Ihrem Hund Revue passieren und versuchen Sie sie aus Sicht des Hundes zu beschreiben. Vielleicht lässt sich für Sie die Motivation seines Verhaltens so besser erklären. Das muss keine Entschuldigung sein, bringt aber oft mehr Verständnis für den Hund. Das lässt den Puls sinken..

Der Mensch ist digital unterwegs...

Der Hauptfokus unserer Kommunikation liegt vor allem auf dem Sprechen, Lesen und Schreiben. Durch die Ausbildung eines Sprachzentrums im Gehirn ist dies für uns möglich. Doch bedenken Sie auch, dass wir sorgsam mit diesen Kommunikationsmöglichkeiten umgehen müssen. Es gibt auch viele Missverständnisse, etwa, wenn wir nach einer SMS mit einem zweideutigen Text vergessen haben, ein Smiley zu setzen. Es ist also wichtig, dass wir uns klar ausdrücken, um keine Konflikte entstehen zu lassen. Sie erinnern sich, dass Hunde Authentizität und Klarheit benötigen, um sich sicher zu fühlen (→ Seite 64). Lassen Sie mal Revue passieren, wann Sie das letzte Missverständnis in der Kommunikation mit Ihren Mitmenschen hatten, einfach, weil Sie in einer angespannten Stimmung eine Mail verfasst haben oder eine falsche Vokabel benutzten. Selbst wenn wir derselben Art angehören, sind wir dennoch nicht vor Fehlern in der Kommunikation gefeit.

Hunde sind eher analog unterwegs

Hunde gehören einer anderen Art an, haben kein Sprachzentrum und sind mehr analog unterwegs. Sie verfügen über verschiedene Möglichkeiten, ihre Umwelt zu erfahren und sich ihr mitzuteilen.

- **Taktil** Durch Berührungen nimmt Ihr Hund seine Umwelt wahr und Sie ihn: Oft berühren Hunde uns. Und was tun wir? Wir reagieren meist automatisch und streicheln ihn. Zufall? Nein! Eine sanfte Berührung war es, keine direkte Ansprache, die ausreichte, uns zum Handeln zu bewegen. Hunde kommunizieren mit uns und ihren Artgenossen taktil. Gegenseitige Fellpflege, beißen, knabbern, Schnauzen stupsen, berühren, lecken oder Auseinandersetzungen haben Sie bestimmt schon beobachten können.

- **Akustisch** Hunde kommunizieren akustisch durch Bellen, Knurren, Winseln, Schreien, usw. Vokalisation wird – obwohl wir Menschen auch akustisch kommunizieren – oft als störend empfunden, es sei denn, der Hund tut etwas, was in unserem Sinne ist, wie etwa den Einbrecher mit Gebell verjagen. Für den Hund ist es schwer, selbstständig, einzuschätzen, wann wir uns Bellen wünschen und wann nicht. Durch Bellen teilt der Hund aber auch seine Stimmung mit. Es kann ein Zeichen von Unsicherheit sein oder auch ein Indiz für Langeweile.

Setzen Sie sich mit dem Gebell Ihres Hundes auseinander und verstehen Sie den Grund, warum er bellt.

Durch das Schnüffeln kommuniziert der Hund und nimmt ganz nebenbei jede Menge Informationen auf.

- **Optisch** Hunde nutzen ihre Augen anders als wir Menschen. Die Vierbeiner sehen weniger scharf, und ihre Welt ist auch nicht so bunt wie unsere. Dafür nehmen die Augen eines Hundes bewegliche Objekte in weiter Entfernung wahr, was etwa bei der Jagd sehr hilfreich ist.
- **Olfaktorisch** Über den Geruch sieht der Hund seine Welt, wie wir es nur (annähernd) vermuten können. Geruchspartikel können über Kilometer verfolgt werden, ein Herausfiltern von bestimmten Duftstoffen wirkt beim Zusehen wie ein Kinderspiel für ihn. Dabei sei erwähnt, dass Rüden läufige Hündinnen über mehrere Kilometer riechen (und finden!) können.
- **Gustatorisch** Hierbei geht es um den Geschmack. Hunde besitzen die Fähigkeit zur gustatorischen Kommunikation. Durch die Aktivierung seiner Geschmacksknospen teilt der Vierbeiner seinem Körper mit, welche Anzahl von welchen Enzymen für die Verdauung der Nahrung, die er zu sich genommen hat, benötigt wird.

Der Hund setzt diese Fähigkeiten in dem Maße ein, wie es die Umweltbedingungen verlangen. Die Natur hat den Hund (und den Menschen) energiesparend geplant. Er nutzt so viel Energie wie nötig und die Sinne, die ihn in seinem jeweiligen Umfeld weiterbringen.

KOMMUNIKATION IST IMMER DAS A UND O

Übung: Nimmt Ihr Hund Sie wahr?

Wie zufrieden sind Sie mit der Kommunikation mit Ihrem Hund? Müssen Sie viel mit ihm reden, ihn auffordern, bitten? Geben Sie sich eine Schulnote und machen Sie danach die folgende Übung.

Wie nehmen Sie sich wahr?

Sie möchten, dass Ihr Hund Ihnen gegenüber aufmerksam ist? Das Ganze möglichst ohne viel Rufen, Leckerchen und Tamtam. Mit dieser Übung legen Sie eine gute Basis.

Ziel der Übung:
- Sie lernen zu erkennen, in welchen Situationen ein bereits kleiner Blickkontakt ausreicht, um die Aufmerksamkeit Ihres Hundes zu erhalten.
- Sie bestätigen den Blickkontakt mehrfach, damit Ihr Hund lernen kann, dass es sich lohnt, Sie anzuschauen.
- Ein Blick von Ihnen wird später ausreichen, die Aufmerksamkeit Ihres Hundes auf sich zu ziehen. Er wird gespannt abwarten, welches Signal Sie ihm als Nächstes geben.

Übungsaufbau:
- Suchen Sie sich einen eingezäunten Platz. Das kann Ihr Garten sein. Ihr Hund darf sich frei bewegen und schnüffeln. Halten Sie sich mit ihm dort auf und beschäftigen sich mit etwas. Vielleicht sitzen Sie auf der Terrasse und lesen ein Buch. **1**
- Legen Sie dann das Buch weg und schauen Sie Ihren Hund an. Was macht er? Nimmt er Sie wahr? **2**

Wie reagiert Ihr Hund?
- Wenn er Sie wahrnimmt und Ihren Blick erwidert, loben Sie ihn ausgiebig und

Übung: Nimmt Ihr Hund Sie wahr?

freuen sich gemeinsam über die optische Kommunikation. 3
- Fordern Sie Ihren Hund mit einladender Geste zum Kommen auf. 4
- Widmen Sie sich anschließend wieder Ihrem Buch und wiederholen Sie die Übung noch einige Male.

- Wenn Sie Ihr Hund nicht wahrnimmt, schauen auch Sie wieder weg und lesen für 20 Sekunden in Ihrem Buch weiter. Danach stehen Sie auf und suchen den Blickkontakt erneut. Schaut er jetzt? Wenn ja, loben und wiederholen Sie diesen Schritt einige Male.
- Ihr Hund reagiert wieder nicht? Vielleicht sind Sie jetzt frustriert. Aber auch das ist kein Grund zum Aufgeben. Nehmen Sie sich das Glücksrad zur Hilfe. Es ist möglich, dass der Raum – in diesem Fall Ihr Garten – zu groß ist. Verlegen Sie die Übung in Ihr Wohnzimmer und beginnen Sie mit dem ersten Schritt – dem Blickkontakt. Schauen Sie Ihren Vierbeiner an und loben Sie ihn, wenn er Sie ebenfalls anschaut. Ärgern Sie sich nicht darüber, dass es draußen nicht geklappt hat, sondern freuen Sie sich, dass Sie jetzt den Platz gefunden haben, an dem Sie erfolgreich trainieren können.

Ausblick für das weitere Training

Schaut Ihr Hund Sie nun regelmäßig – mindestens zu 95 Prozent – an, wenn Sie ihn ansehen, können Sie auf kleine Hilfsmittel, wie etwa das zusätzliche Aufstehen, verzichten. Das ist ein wichtiger Schritt, weil der Hund sonst abspeichert, dass er Sie nur dann anschauen soll, wenn Sie dabei auch aufstehen. Aber der Blick allein soll ja in Zukunft schon ausreichen. Je weniger Sie an Kommunikationsformen einsetzen müssen, desto mehr wird Ihr vierbeiniger Freund auf Sie reagieren.

Weniger Worte sind mehr ...

Sie wissen jetzt, wie Hunde kommunizieren und was für sie wichtig ist, um entspannen zu können (→ Glücksrad, ab Seite 54). Damit auch Sie entspannt sind, sollten Sie sich auf die analoge Kommunikation, sprich auf weniger sprachliche Verständigung mit Ihrem Vierbeiner einlassen. Ihr Hund wird Sie besser verstehen. Versprochen!

Die ruhige Blickaufnahme

Sie wünschen sich, dass Ihr Hund weiß, wann er sich angesprochen fühlen soll, ohne dabei viele und gar laute Worte zu verlieren. Sie wollen ruhig und gelassen sein und wissen, dass Ihnen Ihr Hund immer Aufmerksamkeit schenken wird, sobald Sie ihn ansehen. Klingt das attraktiv für Sie?

Durch die Übung auf Seite 76 haben wir eine Möglichkeit geschaffen, dass Sie nun Ihren Körper einsetzen und testen können, ab wann Ihr Hund Sie wahrnimmt.

Sie stellen vielleicht fest, dass Ihr Hund schon viel auf Sie achtet und sensibel genug ist, um bereits auf den Blickkontakt zu reagieren. Das ist toll! Fördern Sie Ihren vierbeinigen Freund an der Stelle weiter, und er wird es noch öfter tun.
Achten Sie auf eine ruhige Blickaufnahme, und Ihr Hund wird sich schnell an diese klar strukturierte Kontaktaufnahme gewöhnen – Sie wissen ja, die Umgebungsbedingungen (und dazu gehört auch Ihre Stimme) werden im Hundegehirn mit in die Übung eingeschlossen.

Anfangs müssen Sie Ihrem Hund vielleicht sehr deutlich zeigen, dass Sie sich seine Aufmerksamkeit wünschen. Hat er aber verstanden, dass es sich lohnt, zu Ihnen zu schauen, können Sie immer weiter auf Distanz gehen.

Haben Sie einen Hund, der zu Beginn der Herstellung eines Blickkontakts Ihre Hilfestellung benötigt, etwa indem Sie aufstehen oder Sie mit ihm in einem kleineren Raum üben müssen, wissen Sie jetzt, dass der erste Trainingsschritt noch zu groß war. Gehen Sie einfach einen Schritt zurück und vereinfachen Sie die Übung. Dann liegt Ihre Erfolgsquote auch schon bald bei 95 Prozent. Machen Sie bei allen zukünftigen Übungen auch immer den Glücksrad-Abgleich (→ Glücksrad, ab Seite 54).

Wenn Sie am Ende feststellen, dass ein Blickkontakt reicht, um die Aufmerksamkeit Ihres Hundes zu bekommen, brauchen Sie weniger Worte und weniger körperlichen Einsatz. Je weniger Sie geben müssen, umso aufmerksamer wird Ihr Hund sein.

Klarheit für den Hund

Ihr Vierbeiner kennt Sie vielleicht schon recht lange. Und Sie haben fleißig mit ihm trainiert. Möchten Sie etwas von ihm, rufen Sie seinen Namen – aber, weiß er wirklich, was er dann tun soll? Oft gibt es Futter, wenn er seinen Namen hört, manchmal auch Ärger und oft Signale, wie »Sitz«, »Platz« und »Hier«. Wenn eine Handlung mit seinem Namen verknüpft ist, was ist dann die Folge, wenn er auf Durchzug schaltet und nicht hört? Möglicherweise ist der Hund aber auch gar nicht in der Lage, die Übung in Verbindung mit seinem Namen umzusetzen, weil er gar nicht genau weiß, was er jetzt tun soll.

Deshalb haben wir die Übung auf Seite 76 so aufgebaut, dass Sie keinen Namen oder ein anderes Signal benutzen müssen. Mit dieser Übung geben Sie dem Hund Klarheit. Er lernt, dass, – nachdem er Blickkontakt zu Ihnen hält – unmittelbar danach eine Belohnung folgt. Das kann ein Leckerchen, ein verbales Lobwort oder eine Streicheleinheit sein. Jetzt ist ihm klar, dass sich genau dieses Verhalten und nur dieses lohnt. Alles andere wird ignoriert, und wenn er nicht guckt, schauen Sie auch weg, und seine Chance ist vertan. Gekoppelt mit dem Glücksrad (Raum, Rolle, Authentizität, Aufmerksamkeit, Körpersprache usw.), geben Sie Ihrem Hund alle Möglichkeiten, diese Übung schnell zu verstehen.

Wie fühlt sich diese kleine Übung für Sie an? Haben Sie gemerkt, dass Sie viel weniger körperliche Energie einsetzen müssen, damit Ihr Hund Sie wahrnimmt und Sie seine ungeteilte Aufmerksamkeit haben?

Tipp

Kein Hund ist zu dumm

Viele Hundehalter sind enttäuscht, wenn Ihr Vierbeiner die gesamte Übung nicht auf Anhieb schafft. Sie halten ihren Hund für unterdurchschnittlich intelligent. Doch wenn eine Übung nicht klappt, hat das nichts mit der Intelligenz zu tun. Es gibt zum Beispiel Reize, die den Hund ablenken. Und prüfen Sie auch, ob Sie alles richtig gemacht und das Glücksrad entsprechend eingesetzt haben. Trainieren Sie die Übung in kleineren Schritten.

KOMMUNIKATION IST IMMER DAS A UND O

Übung: Nachfragen und freigeben

Kommunikation ist immer eine sensible Angelegenheit. Trainieren Sie die folgende Übung mit Ihrem Hund, um noch mehr Entspannung durch Klarheit in Ihrem Alltag zu genießen.

Wie sag ich's meinem Hund?

Gern setzen Hunde ihr Gewicht an der Leine ein, wenn sie ein Ziel vor Augen haben. Wir Halter folgen meist mehr schlecht als recht und verpassen oft den Zeitpunkt, unserem Vierbeiner mitzuteilen, ob wir eine Hundebegegnung wollen oder nicht. Schließen Sie mit Ihrem Hund einen Pakt: Nicht Ihr Vierbeiner entscheidet, ob Kontakte erwünscht sind, sondern Sie tun das. Der Hund kann einen aktiven Beitrag leisten.

Ziel der Übung:
- Der Hund richtet den Blick zuerst auf Sie, wenn er etwas möchte.
- Der Vierbeiner lernt, dass die Erlaubnis einzig und allein von Ihnen abhängig ist und nicht etwa durch seine Motivation gesteuert wird.
- Sie fördern die Bindung zu Ihrem Hund, weil er sich an Ihnen orientieren kann.

Übungsaufbau:
- Sie gehen mit Ihrem Hund spazieren und sehen in der Ferne Spaziergänger und/oder Hunde. Ihr Vierbeiner hat sich schon in deren Richtung orientiert. **1**
- Beginnt Ihr Hund Spannung auf die Leine aufzubauen, bleiben Sie sofort stehen und halten die Leine in einer festen Position. Sie sollten keine Zugeständnisse machen, indem Sie mit der Leine nachgeben oder Impulse geben, die missverständlich sein können.

Übung: Nachfragen und freigeben

- Ihr Hund wird versuchen, mehr Kraft einzusetzen, fängt an zu bellen oder springt in die Leine. All das bringt aber keinen Erfolg, denn schließlich möchten Sie, dass sich Ihr Vierbeiner erst auf den anderen Hund zubewegt, wenn er Sie fragt und Sie es erlauben. Warten Sie, bis sich Ihr Hund zu Ihnen umdreht, Sie anschaut und die Leine entspannt ist. **2**
- Unmittelbar danach können Sie Ihren Vierbeiner mit einem »Okay« oder einem Click freigeben und selbst den Weg zu dem anderen Hund mit ihm fortsetzen. Das »Okay« beziehungsweise der Click ist Ihre Erlaubnis, die es jedoch immer erst gibt, wenn der Hund Blickkontakt zu Ihnen hält. **3**
- Schaffen Sie Situationen im Alltag und Training, in denen Sie Ihren Hund oft freigeben können. Auf diese Weise lernt er, dass es sich lohnt, erst nachzufragen, statt einfach zu handeln. Er bekommt nicht nur Ihre Erlaubnis, sondern spürt, dass auch Sie dies für eine wirklich gute Idee halten. Das schweißt zusammen. Belohnung nicht vergessen! **4**
- Auch nicht gewünschten Kontakt sollten Sie trainieren. Statt eines »Okay« geben Sie das Signal »Weiter« und laden damit Ihren Hund ein, Ihrem Weg zu folgen. Durch diese beiden Möglichkeiten weiß der Hund genau, was Sie sich wünschen, und kann sich jetzt prima orientieren. Diese Übung entspannt Sie beide.

Ausblick für das weitere Training

Üben Sie mit verschiedenen Ablenkungen und handeln Sie schon, wenn Ihr Hund noch nicht an der Leine zerrt oder in die Leine springt. Das Ergebnis Ihres erfolgreichen Trainings ist ein Hund, der an lockerer Leine läuft, einen Spielpartner sichtet, sich zu Ihnen umdreht, sich Ihre Erlaubnis, Ihr »Okay« holt oder Ihrem »Weiter« folgt.

Nicht nur der Ton macht die Musik, sondern auch die Art und Weise, wie man auf seinen Hund zugeht.

Nehmen Sie sich Zeit für das Anziehen des Geschirrs. Umso entspannter wird der Akt für Sie und Ihren Hund.

Drei Tipps für die Kommunikation

Sie haben schon viel über die Bedürfnisse von Hunden erfahren. Sie sind Lebewesen einer anderen Art, die in unserem Alltag ein Zuhause gefunden haben. Wir sollten respektvoll und wertschätzend mit unseren Hunden umgehen und sie schützen. Einige Empfehlungen geben wir Ihnen an die Hand, sodass Ihre Kommunikation noch leichter wird.

Sagen Sie Ihrem Hund, was Sie vorhaben

Wollen Sie Ihrem Hund die Pfoten mit dem Handtuch säubern, ist Ihnen die Prozedur bewusst, Ihrem Hund jedoch nicht – vor allem dann nicht, wenn dieses Ritual noch nicht zur Routine gehört. Nähern Sie sich Ihrem Vierbeiner freundlich und sagen Sie zum Beispiel »Saubere Pfoten«. Nehmen Sie sofort danach das Handtuch und beginnen Sie mit der sanften Reinigung. Ihr Hund kann sich in Zukunft aufgrund Ihrer Mitteilung auf die kommende Handlung einstellen. Nutzen Sie das Ansprechen für mehrere Situationen. Gerade unsichere Hunde sind für Vorabinformationen dankbar.

Ruhig und freundlich sprechen

Müssen wir unsere Hunde mehrfach auffordern, ein Signal umzusetzen, neigen manche Hundehalter dazu, mit Schärfe in der Stimme Nachdruck zu verleihen. Aus dem positiv trainierten »Sitz« wird ein »Siiiitz«, und der Körper verhärtet sich. Sie merken, das Glücksrad bröckelt gern bereits nach dem ersten Signal. Bleiben Sie Ihrem Hund gegenüber fair. Erinnern Sie sich daran, dass auch die Umgebungsbedingungen beim Training für den Hund eine große Rolle spielen und Sie das »Sitz« ursprünglich emotional positiv trainiert haben. Wenn Sie das Signal streng aussprechen oder anders betonen, heißt es für den Hund nicht zwangsläufig »Sitz«, sondern es kann für ihn ein Wort ohne Handlungsbezug sein. Der Teufel steckt im Detail. Damit Sie sich nicht umsonst in Rage bringen, bedenken Sie bitte, dass Ihr Hund das Signal unter diesen Umständen nicht umsetzen kann. Das hat nichts mit Sturheit oder Dummheit zu tun.

Tipp

Dann, wenn es passt

Sie werden feststellen, dass es oft kleine Veränderungen sind, die etwas Großes bewirken. Nehmen Sie aus diesem Buch die Dinge mit, die Ihr Leben bereichern werden oder die Sie einfach ausprobieren möchten. Entscheiden Sie, ob und mit welchen Tipps Sie arbeiten möchten. Eventuell passen auch einige Ratschläge derzeit nicht in Ihr Leben oder das Ihres Hundes – in ein paar Monaten kann das anders aussehen. Bleiben Sie offen für Veränderungen.

Lernen Sie aus der Vergangenheit

Klassiker wie »Sitz«, »Platz« oder »Pfote geben« sind den meisten Hunden bekannt. Dennoch gibt es eine Vielzahl von Signalen, die vielleicht nicht exakt geübt wurden. Setzt ein Hund ein gewünschtes Signal nicht um, stellen Sie sich zuerst immer die Frage, ob er nicht will oder nicht kann. Das ist ein großer Unterschied. In vielen Fällen will er nämlich und kann nicht, weil es ihm nicht beigebracht wurde. Das löst bei Ihnen beiden Stress aus.

Verschaffen Sie sich Klarheit: Erstellen Sie eine Tabelle mit zwei Spalten. In der linken Spalte sammeln Sie alle Signale, die Ihr Hund »kennt« und die in Ihrem Alltag regelmäßig genutzt werden. Rechts notieren Sie, wie Sie sie mit Ihrem Hund trainiert haben und nach welchen Trainingsstandards dies erfolgte. Vielleicht können Sie das für »Sitz«, »Platz« usw. genau beschreiben, aber möglicherweise sind auch Signale dabei, die Sie nutzen, sich aber nicht daran erinnern können, ob oder wie Sie diese mit Ihrem Hund trainiert haben. Wenn Sie wissen, wie Sie Ihrem Hund ein Signal beigebracht haben – und das nach den Lerngesetzen umgesetzt haben –, sollte er die Übung können. Wissen Sie es nicht mehr, kann es sein, dass Signale eingeführt wurden, die aber nie mit einer Handlung in Verbindung gebracht wurden. Der Hund kann das Signal nicht umsetzen, weil keine korrekte Verknüpfung gesetzt wurde.

Trainieren Sie diese Signale neu, sodass Ihr Vierbeiner eine Chance hat, diese auch richtig zu verstehen.

KOMMUNIKATION IST IMMER DAS A UND O

Übung: Griff ans Geschirr

Mit der folgenden Übung können Sie Ihren Hund – ohne dass er sich erschreckt – jederzeit am Geschirr anfassen und aus einer für ihn gefährlichen Situation herausführen. Das vermittelt ihm Sicherheit.

Anfassen erlaubt

Gerade, wenn es brenzlig wird, handeln wir oft unüberlegt. Jedem von uns ist es bestimmt schon einmal passiert, dass wir, ohne darüber nachzudenken, an das Geschirr unseres Hundes gegriffen haben, weil wir ihn zum Beispiel vor einem Giftköder oder anderen Hunden schützen wollten. Dafür hat uns der Vierbeiner allerdings nicht dankbar die Hände geleckt – im Gegenteil, der eine oder andere bekam vielleicht sogar die Zähne seines vierbeinigen Freundes zu spüren. Der Grund: Der Hund hat sich erschreckt, weil wir – ohne Vorbereitung – plötzlich hektisch an das Halsband oder das Geschirr gegriffen haben. Doch genau in dieser Situation wollen wir ihn ja nicht zusätzlich beunruhigen, sondern eher vor Schaden bewahren und ihm Sicherheit vermitteln. Daher ist eine Gewöhnungsübung – der Griff an das Halsband oder Geschirr, eine tolle Möglichkeit, Ihren Hund entsprechend vorzubereiten.

Ziel der Übung:
- Ihr Vierbeiner lernt, bereits in Stresssituationen zu entspannen.
- Das Risiko einer schreckbedingten Aggression Ihres Hundes Ihnen gegenüber sinkt enorm.

Übungsaufbau:
- Sollte Ihr Hund kein Geschirr kennen, gewöhnen Sie ihn vor dieser Übung daran, sodass das Anziehen nicht schon zu einer Stressreaktion führt. Er sollte das Geschirr gern tragen. **1**
- Überlegen Sie genau, wo Sie ihn am Geschirr oder Halsband festhalten wollen. Es empfiehlt sich, dass Sie immer ein und dieselbe Stelle wählen, umso schneller ist der Gewöhnungseffekt. Achten Sie darauf, dass Sie stehend leicht an das Geschirr beziehungsweise das Halsband greifen können und den Hund so aus der Situation herausführen – also noch einige Schritte mit ihm gehen – können.
- Knien Sie sich neben Ihren Hund, wenn Sie und er in guter Stimmung sind. **2**
- Kündigen Sie mit dem Signal »Geschirr« an, dass Sie unmittelbar danach leicht das Geschirr oder Halsband festhalten. **3**
- Loben Sie Ihren Vierbeiner währenddessen entweder verbal, durch Streicheln mit der anderen Hand oder belohnen Sie ihn mit einigen Leckerchen. Lassen Sie weiterhin Ihre Hand am Geschirr beziehungsweise Halsband. **4**
- Nach etwa vier bis fünf Sekunden lösen Sie die Hand und belohnen den Hund auch nicht weiter.
- Warten Sie noch ein paar Sekunden ab und wiederholen Sie die Übung etwa drei, bis viermal. Danach beenden Sie die Übung und festigen Sie sie in den nächsten Tagen durch Wiederholung.

Ausblick für das weitere Training

Findet Ihr Hund das Training toll, halten Sie ihn etwas länger fest. Beginnen Sie, einige Schritte mit ihm zu gehen. Drehen Sie sich mit dem Hund dabei, denn Sie möchten ja Ihren Vierbeiner aus einer gefährlichen Situation herausführen. Gelingt der Ablauf der Übung, trainieren Sie unter mehr Ablenkung für den Vierbeiner, etwa vorbeilaufende Spaziergänger. Der Hund soll lernen, dass Sie jederzeit an das Geschirr oder Halsband greifen können. Auf Leckerchen können Sie nach und nach verzichten.

Rituale in Alltag und Training

Rituale sind für Hunde wichtig, und sie erleichtern uns das Training und den Alltag. Werfen Sie einen Blick auf die Strukturen, die Ihnen durch Ihr Training Ihren Alltag vereinfachen werden.

Rituale haben Sie bereits beim Glücksrad kennengelernt (→ ab Seite 54). Wir geben Ihnen nun Hilfestellungen, wie es Ihnen leicht, fällt, Rituale umzusetzen. Beginnen wir mit den jeweiligen Trainingssequenzen, und anschließend gehen wir in den Alltag über.

Überlegen Sie, welche Rituale Sie etablieren wollen. Was wird Ihren Alltag vereinfachen? Welche kleinen Diskussionen können Sie zu Ritualen werden lassen, sodass Sie und Ihr Hund genau wissen, was stressfrei auszuführen ist?

Rituale im Hundetraining

Erstellen Sie einen Trainingsplan für die nächsten 14 Tage. Dabei gelten folgende Regeln/Rituale für jede Übung:
- Trainieren Sie in kleinen zeitlichen Einheiten, die Sie täglich zwei- bis dreimal wiederholen können.
- Wählen Sie zunächst ein reizarmes Trainingsumfeld, sodass Ihr Hund den Übungsschritt zu 95 Prozent erfolgreich umsetzen kann. Erst dann steigern Sie die Ablenkung.
- Lächeln Sie und genießen Sie das Training – sonst ist es keins.
- Checken Sie Ihr Glücksrad – läuft es rund (→ ab Seite 54)? Wenn ja, sind das beste Voraussetzungen für Ihren gemeinsamen Erfolg.
- Definieren Sie Ihr Trainingsziel genau. Formulieren Sie es positiv und schreiben Sie es auf. Beispiel: »Mein Hund wird an lockerer Leine neben mir herlaufen, wenn wir spazieren gehen. Das macht er trotz jeglicher Ablenkung. Er schaut mich stets zwischendurch an und wartet auf mein Feedback.« So teilen Sie Ihrem Gehirn mit, was Sie wollen, und legen den Fokus auf das gewünschte Ziel!
- Signale sollten nach dem ersten Mal umgesetzt werden und nicht in der Dauerschleife wiederholt werden müssen.

Zwischenschritte sind wichtig

Haben Sie ein finales Ziel definiert, dann teilen Sie es in Zwischenschritte auf. Gliedern Sie die Übung in Teilschritte und überlegen Sie sich, was Sie trainieren möchten. Finden Sie dazu:
- Ihr Trainingskriterium – welchen Teilschritt üben Sie?
- Ihren Belohnungspunkt – was genau belohnen Sie?
- Ihren Fütterungspunkt – an welcher Stelle sollte der Hund belohnt/gefüttert werden?

Den Ist-Zustand überprüfen

In den nächsten zwei Wochen empfehlen wir Ihnen ein kleines Wiederholungscamp der Übungen für Sie und Ihren Hund. Life-Dog-Balance kann nur gelingen, wenn Sie sich und Ihren Hund gut kennen.
Trainieren Sie Basissignale wie »Sitz«, »Platz«, »Abruf« oder das Laufen an lockerer

Trainieren Sie auch simple Übungen intensiv. Ihr Hund führt sie gern aus, weil er eine hohe Erfolgsquote hat.

Leine. Je zeitnaher Signale abrufbar sind, desto sicherer werden Sie und Ihr Vierbeiner sich fühlen. Prüfen Sie, wie sehr Sie mit der Ausführung und Verlässlichkeit des Signals zufrieden sind.

Trainieren Sie kleine Tricks wie etwa das Rückwärtslaufen, durch die Beine laufen, sich schämen usw. Festigen Sie diese Einheiten auch und/oder überlegen Sie, was Sie Neues mit Ihrem Hund erlernen wollen. Ziehen Sie nach diesen beiden Wochen Bilanz. Jetzt wissen Sie, ob das Training so klappt, wie Sie sich das vorgestellt haben, oder ob Sie es noch verbessern möchten.

Gestalten Sie Ihren Alltag einfacher

Im Umgang mit dem Hund haben wir zig Rituale. Immer dann, wenn Abläufe beständig gleich stattfinden und Ihr Hund und Sie zum Ablauf der Handlung bereits eine Erwartungshaltung aufgebaut haben, handelt es sich um ein Ritual. Abläufe werden zur Gewohnheit. Einige dieser Rituale/Gewohnheiten sind perfekt für unser harmonisches Zusammenleben. Andere sollten geändert werden, wenn sie uns nicht mehr gefallen. Überprüfen Sie dies in Ihrem Alltag.

Beispiel 1: Sie fahren mit Ihrem Hund zum Spaziergang auf den Waldparkplatz. Dort springt er voller Vorfreude aus dem Auto und ist nicht zu beruhigen. Kommt Ihnen dann ein anderer Hund entgegen, bellt Ihr Vierbeiner wie wild.
Neues Ritual:
- Der Hund bekommt vor dem Öffnen der Kofferraumklappe das Signal zum Sitzen.
- Dann wird die Kofferraumklappe geöffnet, und der sitzende Hund wird angeleint.
- Erst jetzt bekommt er das Signal zum Aussteigen. Nun hat er drei Sekunden Zeit, um sich wieder zu setzen und sitzen zu bleiben.
- Sie verschließen die Türen des Wagens, und erst mit einem weiteren Signal zum Spaziergang darf der Hund loslaufen.

Die Struktur und Lenkung des Hundes fördern die Fokussierung auf diese Aufgabe. Andere Ablenkungen werden dann nicht so sehr wahrgenommen. Der Hund ist nun konzentrierter. Durch die Struktur kommt Ruhe in die Gesamthandlung. Folge: Der Hund ist leichter zu lenken.

Beispiel 2: Beim Verlassen des Hauses stürmt Ihr Vierbeiner als erster durch die Tür und zieht dabei stark an der Leine.
Neues Ritual:
- Sie leinen Ihren Hund an und geben ihm das Signal »Sitz«.
- Sie öffnen die Tür und gehen als Erster hindurch. Der Hund darf Ihnen jetzt langsam folgen.
- Vor der Tür soll sich der Hund wieder setzen, und Sie schließen die Tür, bevor Sie zusammen losgehen.

Rituale sind die logische Folge von Richtzielen. Zunächst stellen wir uns grob vor, wie das Zusammenleben mit dem Hund aussehen soll. Danach folgen Grob- und Feinziele. Die genaue Beschreibung eines neuen Rituals ist somit ein Feinziel. Während wir bisher das Feinziel auf einzelne Handlungen bezogen haben, sprechen wir beim Ritual eher von mehreren Handlungen, die aber im Tagesablauf wichtige Teilabschnitte darstellen. Dazu gehören unter anderem: Besuch begrüßen, Hundebegegnungen an der Leine, nach dem Freilauf abrufen und anleinen, ins Auto einsteigen, Maulkorb aufsetzen, Gesundheitskontrolle, Zecken absuchen, Pfoten abtrocknen vor Betreten der Wohnung, die Fütterung des Hundes, Leckerchen geben usw.

Rituale basieren auf Regeln. Regeln beschreiben Abläufe im sozialen Kontext und schildern, wie man sich anderen gegenüber verhält. Sie dienen unter anderem dazu, ungewollten Stress zu vermeiden. Somit nutzen Sie wieder Stift und Papier und schreiben alle Rituale auf, die Ihnen in Ihrem Alltag einfallen.

Klopfen Sie sich auf die Schulter, denn Sie werden viele Rituale finden, die Ihnen, weil sie so schön funktionieren, gar nicht auffallen. Seien Sie stolz auf sich. Dann werden Ihnen Rituale einfallen, die nicht so gut klappen. Das sind alle Abläufe, die Sie im Alltag oft mehrfach durchleben, die aber nerven. Finden Sie heraus, was Sie nervt, und ändern Sie den Ablauf nach Ihren Wünschen. Strukturieren Sie Ihr Ziel etwa nach dem Schema, wie wir es Ihnen in den beiden Beispielen gezeigt haben. Das lässt sich recht leicht übernehmen.

Vorsicht, Missverständnis!

Die Rituale, über die wir bisher gesprochen haben, vereinfachen und entstressen den Alltag für Sie und Ihren Hund. Folglich muss zuvor ein Gefühl der Überforderung vorhanden gewesen sein, etwa bei unsicheren, ängstlichen Hunden. Dies ist nicht zu verwechseln mit Hunden, die sich langweilen und unterfordert sind. Hier achtet man bewusst auf eine geistige Auslastung, die dadurch erreicht werden kann, wenn Rituale deritualisiert werden und man dem Hund einen neuen Lösungsweg vorschlägt.

Auch kleinste Aufgaben, wie einfaches Hochspringen in den Kofferraum des Autos, lassen sich ritualisieren.

An der roten Ampel halten wir uns auch an Rituale und bleiben stehen. Erschaffen Sie Ihr eigenes Ampelsystem.

KOMMUNIKATION IST IMMER DAS A UND O

Übung: Aktive Pause für Sie beide

Viele Hunde haben Stress, wenn sie nicht wissen, was sie tun sollen. Sie tapsen unsicher umher, kommen nicht zur Ruhe und fordern Aufmerksamkeit – ein Verhalten, das auch uns nervös macht.

Auszeit für Sie und Ihren Hund

Natürlich können Sie Ihren Vierbeiner zur Entspannung in sein Körbchen schicken. Doch woher soll er wissen, über welchen Zeitraum er nun »Sendepause« hat? Hinzu kommt, dass viele Hundehalter vergessen, das Signal wieder aufzulösen, sodass der Hund gezwungen ist, im Körbchen auszuharren oder ohne Erlaubnis sein Lager zu verlassen. All das bedeutet Stress. – für Sie und Ihren Hund. Die Übung »Aktive Pause« ist besonders für Vierbeiner geeignet, die ständig Aufmerksamkeit fordern, eine zu enge Beziehung zum Menschen haben, sich grenzenlos/respektlos verhalten, zu Hyperaktivität neigen oder trennungsbedingte Störungen zeigen.

Ziel der Übung:
- Sie fordern gezielt für sich und Ihren Hund eine Pause ein.
- Durch ein visuelles Signal/Ritual erhält Ihr Hund einen Hinweis darauf, dass er sich entspannen kann. Auch Sie werden nicht von Ihrem Vierbeiner aufgefordert, sich permanent mit ihm zu beschäftigen.
- Der Stresspegel des Hundes sinkt, weil ihm die Übung Klarheit gibt und sie ihm eine Pause gewährt, die zeitlich begrenzt und überschaubar ist.

Übungsaufbau:
- Nutzen Sie einen Gegenstand, wie zum Beispiel einen Kunststoffbecher oder, wie in unserem Fotobeispiel, eine Vase, die in Ihrem Alltag jedoch kaum benutzt wird. Stellen Sie die Vase auf den Nachttisch oder den Boden – etwas, was Sie höchstwahrscheinlich sonst nie mit diesem Becher oder dieser Vase machen. Somit ist Ihre Handlung einmalig und kann eindeutig stets die »Aktive Pause« einläuten. **1**
- Ab diesem Moment machen Sie selbst Ihre erste kleine Pause. Sie fassen, sprechen und schauen Ihren Vierbeiner nicht mehr an. Verhalten Sie sich so, als wäre er gar nicht da. Ganz wichtig: Egal, was er nun macht, Sie »sehen« das nicht. Ihr Hund wird lernen, dass er in Zeiten, in denen der Becher auf dem Boden oder die Vase auf dem Nachttisch steht, kein Feedback von Ihnen erhält. Selbst durch Betteln, Winseln usw. lassen Sie sich nicht aus der Ruhe bringen. **2**
- Nach etwa 30 Sekunden nehmen Sie den Becher wieder vom Boden oder die Vase vom Nachttisch, und die Trainingseinheit ist vorüber. Sie dürfen wieder alles tun. Wiederholen Sie die Übung mehrfach und verlängern Sie die Trainingszeiten.
- Ihr Hund wird schnell verstanden haben, dass dieses Becher/Vasen-Ritual eine Pause ankündigt und Forderungen Ihnen gegenüber keinen Sinn machen. Stattdessen wird er sich entspannt hinlegen und erholen – das sollten Sie auch tun. Je ruhiger Sie sich verhalten, umso schneller entspannt auch Ihr Hund. **3**
- Beendet wird die Übung, indem Sie Becher oder Vase wegstellen und sich dem Hund widmen. **4**

Besonderheit der Übung
Für Ihren Hund ist das ein neues Trainingsritual, das er hinterfragen wird. Bekommt er Ihre Aufmerksamkeit jetzt nicht, was ihm sonst immer gelang, wird das anfangs sein unerwünschtes Verhalten verstärken. Halten Sie das Ritual aufrecht, gewöhnt er sich schnell an die Übung und kann entspannen.

KOMMUNIKATION IST IMMER DAS A UND O

Übung: Entspannung auf Signal

Den Hund von jetzt auf gleich entspannen – das ist der Traum vieler Hundehalter, vor allem in der Öffentlichkeit. Doch dies muss kein unerfüllter Traum bleiben – Zeit für ein neues Ritual.

Entspannung in Sekunden erreichen

Es wäre prima, wenn man den Vierbeiner auf Knopfdruck entspannen könnte, zum Beispiel beim Tierarzt oder im Café. Stattdessen baut man oft jede Menge Druck auf, schimpft mit dem Hund, spannt die Leine und gerät in Stress. Wir werden dem Hund gegenüber unfair, dabei wollten wir doch nur, dass der Tierarzt ihn anfassen kann, damit wir schnell wieder gehen können. Bringen Sie Ihrem Vierbeiner Entspannung auf Signal bei. Mit dieser Übung fördern Sie Ihre und seine Lebensqualität.

Ziel der Übung:
- Ihr Hund lässt sich durch das trainierte Signal schnell auf Entspannung ein.
- Sie können ein trainiertes Entspannungssignal sicher abrufen, wenn es mal stressig zugeht.
- Sie können mit diesem Signal stressige Situationen besser planen.
- Die Bindung zu Ihrem Hund erhöht sich.

Übungsaufbau:
- Streicheln Sie Ihren Hund, der auf einer Trainingsdecke liegt. Beginnen Sie an Körperstellen, die der Hund gernhat. Legen Sie eine Hand dauerhaft an den Körper des Hundes und streichen Sie mit der anderen Hand sehr langsam (!) vom Hals über den Rücken oder die Seite, bis hin zur Rute oder den Hinterläufen. Atmen Sie währenddessen ruhig ein und aus.

Übung: Entspannung auf Signal

Entspannt Ihr Hund, wird seine Muskulatur weich; Atmung und Herzschlag werden langsamer. **1** und **2**
- Nach Beendigung der Übung entfernen Sie die Decke. So lernt Ihr Hund schnell, dass diese Decke Entspannung ankündigt. Üben Sie, so oft es geht.
- Ob Ihr Training Früchte trägt, erkennen Sie daran, dass Ihr Hund sich immer schneller und sehr tief entspannt. Führen Sie Ihr neues Signal ein, wenn Ihr Hund auf die Decke läuft und sich hinlegt. Danach beginnen Sie umgehend mit Ihren Streichbewegungen.
- Der Hund soll auch entspannt liegen bleiben, wenn Sie sich entfernen. **3** und **4**
- Bauen Sie Ablenkungen in die Übung ein, zum Beispiel eine Person betritt den Raum und spricht Sie an, oder das Telefon klingelt.
- Sie und Ihren Hund sollte das nicht aus Ihrer Übung herausreißen. Bleiben Sie mental mit Ihrem Hund zusammen ruhig und gelassen.
- Gelingt Ihnen dieser Schritt, trainieren Sie auch außerhalb Ihres Hauses. Beginnen Sie mit einem Besuch bei Freunden, im Café (zu Beginn auf niedrige Besucherzahl achten) oder bauen Sie dieses Training in einen Spaziergang mit ein. Ihr Hund sollte immer entspannt liegen bleiben, egal, was Drumherum geschieht.

Eine Übung für viele Fälle

Diese Übung eignet sich für unzählige Situationen im Alltag: zum Beispiel wenn Sie ein Restaurant besuchen und Ihr Hund entspannt unter dem Tisch liegt, Sie im Gespräch mit jemandem sind und der Hund entspannt warten soll oder Sie auf einer Bank sitzen und die Landschaft in Ruhe genießen wollen. Ebenso im Fahrstuhl, in öffentlichen Verkehrsmitteln, im Auto und in vielen anderen Situationen mehr.

Welcher Hundetyp braucht welches Ritual?

Sie wissen nun um die Wichtigkeit von Ritualen und auch, dass Hunde diese gut gebrauchen können. Dennoch muss auch die Dosierung der Rituale stimmen, denn jeder Hund ist anders.

Sei es zum Beispiel bei der Belohnung oder auch der Motivation des Hundes: Immer muss die richtige Balance gefunden werden. Ein Zuviel an Belohnung oder ein Zuwenig an Motivation ist nicht gut für die Stabilität und das innere Gleichgewicht. Aus diesem Grund dürfen Sie zwar gern alle Tipps aus diesem Buch zusammen mit Ihrem Vierbeiner ausprobieren, aber wir empfehlen Ihnen, dass Sie selbst entscheiden, ob das jeweilige Ritual auch wirklich zu Ihrem Hund passt. Hier ein paar Empfehlungen, bei welchen Hundetypen Sie auf was achten sollten.

Der ängstliche Hund

Viele Hunde sind durch ein oder mehrere Traumata, die sie in ihrer Umwelt erlebt haben, verunsichert oder ängstlich. Ihnen tun Rituale gut. Nehmen wir als Beispiel einen Hund, der neu in die Familie kommt. Alles ist ihm fremd und vieles für ihn erst einmal nicht zu verstehen. Diesen Hunden tut es gut, wenn sie mehrere Rituale in ihrem Tagesrythmus finden, an denen Sie sich orientieren können.

Das wäre zum Beispiel die Fütterung zu bestimmten und festen Tageszeiten und, dass ein Signal auch wirklich nur eine Bedeutung hat. Auch die Spazierrunden sollten zu festen Tageszeiten stattfinden. Gehen Sie anfangs mit Ihrem ängstlichen Vierbeiner immer die gleichen Wege – so lange, bis er sich eingewöhnt hat.
Beobachten Sie Ihren Hund. Die Rituale können gelockert werden, wenn der Vierbeiner selbstbewusster geworden ist. Dann braucht er andere Aufgaben. Bestimmte Rituale müssen also nicht für immer bleiben. Verändert sich ein Hund, werden auch die Rituale angepasst.

Der entspannte und in sich ruhende Hund

Einige Hundetypen sind so tiefenentspannt, dass sich mancher Halter eine Scheibe davon abschneiden könnte. Allem und jedem begegnen sie mit Ruhe und Gelassenheit.

Natürlich freuen sich auch diese Hunde über Rituale im Alltag, allerdings sind hier nicht so viele nötig, damit sie sich entspannen. Sie sind ja bereits die Gelassenheit »in Person«. Doch Rituale helfen auch, entspannt zu bleiben.

Sollten Sie sich gestresst fühlen und Ihre nervöse Stimmung auf Ihren Hund übertragen, prüfen Sie, in welchen Situationen Sie unter Stress geraten, und ritualisieren Sie diese. Der Hund hat einen sekundären Nutzen, indem Sie ruhiger werden, und Sie in diesem Fall den primären. Sie entspannen durch die Klarheit Ihrer Abläufe, und Ihr Hund bekommt mit, dass Sie alles unter Kontrolle haben – worüber sollte Ihr Vierbeiner sich nun noch aufregen?!

Das Herausspringen aus dem Kofferraum ist für den einen eine Mutprobe, für den anderen eine leichte Übung.

Angstanzeichen: eine eingezogene Rute, eine in sich gekehrte Körperhaltung und nach hinten gezogene Ohren.

Nehmen Sie einen entspannten Hund wahr, beobachten Sie auch gleich, was ihn so entspannt.

Der sehr aktive Hund

Es gibt Hunde, die sehr aktiv sind oder auch als Krankheitsbild unter einer Hyperaktivitätsstörung leiden. Aktiv bestreiten Sie lebensfroh den Alltag – eigentlich sehr schön, aber es gibt gefährliche Momente und auch Dinge, die man mit seinem Hund in Ruhe angehen möchte. Diesen Hunden helfen Rituale im Alltag, die meist beibehalten werden und Hund und Halter zu mehr Ruhe verhelfen. Je mehr Sie Situationen durchdenken und ritualisieren, desto entspannter verläuft Ihr Alltag.

Hunde, die grenzenlos erscheinen

Es gibt Hunde, die ihre Emotionen nicht unter Kontrolle haben und im Affekt handeln. Sie verfügen also über sehr wenig Impulskontrolle und stürmen gern mal spontan los. Dazu wird ein Außenreiz benötigt, der den Hund verleitet, impulsiv zu reagieren. Das ist also kein Dauerzustand, sondern eher etwas Situationsbedingtes, wie etwa das schnelle Herausspringen aus dem Kofferraum, wenn auf der anderen Straßenseite ein anderer Hund läuft.

Somit benötigt ein solcher Hund nicht zwangsläufig zig Rituale im Alltag, sondern eher ganz gezielte Rituale für die bestimmte Situation (→ Beispiel 2, Seite 88). Generell sollte der Vierbeiner auch üben, Frustration zu ertragen, um geduldiger reagieren zu können. So lässt sich neben den Ritualen, an denen sich der Hund wunderbar orientieren kann, auch die Emotion wesentlich besser aushalten.

Der aggressive Hund

Hunde, die Aggressionen zeigen, benötigen meist unsere Unterstützung. Sie verhalten sich deshalb so, weil aus ihrer Sicht Angriff die beste Verteidigung ist. Hier helfen Rituale eine Menge. In diesem Fall sollten Sie jedoch die Unterstützung eines erfahrenen Hundetrainers in Anspruch nehmen, der Sie begleitet und die Rituale vor Ort auf Sie und Ihren Hund abstimmt.

Unterstützen Sie Ihren Hund, indem Sie eine Vorbildfunktion einnehmen. Das bedeutet, dass Sie Ihr Glücksrad aktivieren und Ihrem Hund eine Alternative zur Aggression anbieten. Sie könnten ihm beibringen, dass er lernt, sich zu Ihnen hin zu orientieren, anstatt sich aufzuregen. Dies setzt aber voraus, dass er Ihnen glauben muss, dass Sie ihn wirklich führen können. Das gelingt nicht nach einem Mal, sondern ist ein Prozess, der Sie erst durch viele Wiederholungen glaubwürdig erscheinen lässt. Aus Sicht des Hundes macht das auch Sinn.

Oft zeigen Hunde Aggressionsverhalten, weil die Führungsqualitäten des Hundehalters nicht souverän scheinen und der Hund somit eine eigene Lösung aufzeigt. Möchten wir nun gegen die scheinbar erfolgreiche Strategie des Hundes wirken, müssen wir das langfristig unter Beweis stellen, bevor sich unser Hund vertrauensvoll auf uns einlässt. Denn im schlimmsten Fall kann eine Fehlentscheidung aus Sicht des Hundes lebensgefährlich sein.

Sprintet der Hund gegen Ihren Willen los, gehen Sie nicht davon aus, dass er ungehorsam ist. Finden Sie im ersten Schritt seine wahren Beweggründe heraus.

Wichtige Basics im Umgang mit Ihrem Hund

Es gibt kleine und große Grundregeln im Hundetraining. Setzen Sie diese um, wird Ihnen der Alltag mit Ihrem Hund leicht und entspannt vorkommen. Und – Ihr Vierbeiner freut sich über Ihr Verständnis ...

So lernen Hunde am einfachsten

Im Umgang mit dem Hund hilft es zu verstehen, wie Hunde lernen und denken. Dazu haben wir Ihnen hier die wichtigsten Punkte zusammengestellt, die Sie beherzigen sollten.

Hunde sind soziale Lebewesen, die im Hier und Jetzt leben. Sie brauchen den Kontakt zu uns Menschen und zu ihren Artgenossen. Möchten wir ihnen etwas beibringen, müssen wir gewisse Regeln beachten. Das Wichtigste ist die Motivation. Ohne sie läuft nichts, weder bei uns Menschen noch bei den Vierbeinern. Unter Motivation versteht man »die Gesamtheit aller Beweggründe, die zu einer Handlungsbereitschaft führen«, um ein bestimmtes Ziel zu erreichen. Dabei spielen nicht nur die persönlichen Motive, sondern auch die gegenwärtige Situation eine Rolle.

Motivation ist alles

In der Lernpsychologie unterscheidet man zwischen zwei Arten von Motivation:
Bei der intrinsischen Motivation hat Ihr Hund eine persönliche Freude an der Umsetzung etwa das gemeinsame Training mit Ihnen. Währenddessen und danach fühlt er sich wohl und ist zufrieden.
Bei der extrinsischen Motivation wird der Hund von außen zu einer Handlung angeregt. Er tut es, weil eine Belohnung in Aussicht gestellt wird.

Motivation ändert sich permanent und ist somit kein statischer Prozess. Stattdessen stellt sie eher einen Verlauf dar. Im Umgang mit dem Hund sollte die Motivation stets von Neuem beobachtet und eingeschätzt werden. So können wir uns auf den aktuellen Zustand des Hundes einstellen und Übungen anpassen. Dabei sollte unbedingt bedacht werden, dass die Motivation des Hundes sich auch während des Trainings verändert.
Innere Motivationsfaktoren sind unter anderem: Hunger, Durst, Gesundheitszustand, Alter, Gemüt, Hormonstatus, Erfahrungen während der sozialen Phase, sowie später erlerntes Verhalten, angeborene Verhaltensweisen und Genetik.
Äußere Motivationsfaktoren sind u. a.: Wetter (Kälte, Wärme, ...), Tag und Nacht, Ablenkung durch andere Hunde, Menschen, Gegenstände, Unterforderung/Überforderung und Stress durch Außenreize.

Auch alte Hunde lassen sich gut motivieren. Sie müssen nur herausfinden, wodurch er sich motivieren lässt.

Lernerfahrungen

Für den Umgang mit dem Hund brauchen Sie die passende Motivation, um ihn zu animieren, etwas mit Ihnen gemeinsam oder für Sie zu tun. Es geht im Hundetraining oft darum, die Ziele des Menschen in die Motivation des Hundes umzuwandeln.
Legen Sie sich eine kleine Checkliste an und prüfen Sie, wodurch Ihr Hund sich motivieren lässt. Schreiben Sie dahinter, ob dies eine hohe, mittlere oder eher geringe Motivation ist. Unterteilen Sie sowohl in intrinsische als auch in die extrinsische Motivation. Bei mehreren Hunden benötigt jeder seine eigene Motivationsliste.
Diese Liste sollten Sie immer parat haben, wenn Sie Ihrem Vierbeiner etwas Neues beibringen wollen oder er umlernen soll.

> ## Tipp
>
> ### *Lerndispositionen*
>
> Wie gut, wie viel und wie schnell unser vierbeiniger Freund lernen kann, ist unter anderem abhängig von Lerndispositionen, also der Veranlagung zum Lernen. Es gibt die angeborene, die erworbene und die aktuelle Lerndisposition. Die aktuelle Lerndisposition beschreibt die sogenannte Tagesform, also das Befinden und die Lernbereitschaft des Hundes zu einer bestimmten Zeit. Alle drei Felder haben Einfluss darauf, wie ein Hund zu lernen imstande ist.

Motivationsmittel können an Wirkung verlieren, wenn sie dem Hund dauernd zur Verfügung stehen. Für das Training sollten Sie dem Hund etwas bieten, das etwas Besonderes für ihn ist. Ansonsten sollte er keinen Zugang dazu haben.

Werden Sie selbst zum Motivator

Die meisten Hunde empfinden das Training mit einem positiv gestimmten Menschen als motivierend. Dagegen wirkt ein Training, das vom Halter straforientiert umgesetzt wird, demotivierend. Sie können den Erfolg eines jeden Trainings dadurch mitgestalten und verbessern, indem Sie selbst gute Laune haben und diese ansteckend und motivierend auf Ihren Hund wirkt. Sie werden im weiteren Verlauf dieses Buches lesen, dass wir immer wieder davon sprechen, die Erfolgschancen des Hundes bei den einzelnen Übungen hoch zu halten. Hat der Hund zu 95 Prozent Erfolg bei einer Übung, wird er sie motiviert umsetzen. Damit sind viele Voraussetzungen erfüllt, dass er schnell und gern (weiter)lernt. Sie merken, dass auch die gute Planung kleinschrittiger Übungseinheiten motivierend für Ihren Hund ist. Klären Sie folgende Fragen vor Ihrem Training:

- Wie motiviert starte ich mit meinem Hund ins Training?
- Wie repräsentiere ich meine Motivation?
- Motiviere ich den Hund, oder besteche ich ihn, um etwas zu tun?
- Wie geht es mir und dem Hund während und nach dem Training?

Wie Hunde lernen

Jedes Lebewesen muss sich weiterentwickeln, Erkenntnisse und Bewältigungsstrategien erlernen, um den für sich besten Nutzen aus diesem Zusammenhang ziehen zu können. Der Hund erweitert seine Fertigkeiten. Dies schafft unter anderem auch die Basis dafür, um entspannt leben zu können.

Was bedeutet lernen beim Hund?

- Wissen und Kenntnisse aneignen.
- Fertigkeiten erwerben.
- Etwas im Gedächtnis speichern.
- Ein Prozess, der auf Training und Erfahrungen zurückzuführen ist.
- Aufgrund der Verarbeitung von Signalen oder Reizen kann ein bestimmtes Verhalten verändert oder angepasst werden.
- Gemachte Erfahrungen ermöglichen in der Folge verändertes Verhalten.
- Lernen dient ebenfalls der Anpassung an

So lernen Hunde am einfachsten

Oft ist weniger mehr. Schauen Sie, wie viel Input Ihr Hund im Alltag benötigt.

Hat Ihr Hund von allem zu viel, wird es auch schwer, ihn zu motivieren und zu fokussieren.

veränderte Lebensumstände sowie der Optimierung des eigenen Zustandes.
- Lernen wird durch Lernerfolge sichtbar. Es kann selbst nicht beobachtet werden.

Lernen ist einer der zentralen Punkte im Hundetraining. Der Hund soll etwas lernen, und der Mensch soll erkennen, wie er ihm das Lernen leicht machen kann.

Konditionierungen

Im Hundetraining nutzen wir die Fähigkeiten des Vierbeiners. Er ist in der Lage, zwei Ereignisse, die gleichzeitig beziehungsweise sehr kurz nacheinander stattfinden, im Gehirn miteinander zu verbinden. Der Hund lernt also, dass er sich nach einem »Platz« hinlegen oder nach einem »Steh« aufstellen soll. Entscheidend ist die Verknüpfungszeit – vielleicht kennen Sie den Begriff auch als »Timing«. Die Verknüpfungszeit bezeichnet die maximale Zeitspanne, die zwischen zwei Ereignissen liegen darf, damit diese im Gehirn miteinander verknüpft werden können. Sie beträgt zwei Sekunden.

Wir können also durch die Gabe einer Belohnung mitwirken, ob ein Hund eine Verankerung gern und schnell macht und überhaupt verknüpfen kann. Dabei müssen wir beachten, dass es auch unerwünschte Verankerungen gibt, die uns auffallen sollten. Unsere Hunde lernen nämlich auch ohne unsere Hilfe durch Assoziation.

Beispiel für eine gewollte Verknüpfung: Sie trainieren mit dem Hund das Signal »Sitz«. »Sitz« bedeutet → Hund setzt sich → Belohnung folgt unmittelbar.

Im ersten Trainingsschritt wird immer zuerst die Handlung trainiert. Das heißt, die reine Abfolge des Hinsetzens, ohne dass Sie das Signal dazu geben. So kommt es nicht zu Fehlverknüpfungen. Ein Signal wird erst später gegeben, wenn dem Hund die Handlung, die er ausführen soll, klar ist. Das Signal wird erst eingeführt, wenn die Handlung durch ein sogenanntes Brückensignal sicher ausgelöst werden kann. Das gilt für jede Verknüpfung, die Sie erstellen wollen. Der Hund lernt mit jeder Wiederholung: »Wenn der Mensch »Sitz« sagt und ich mich hinsetze, bekomme ich etwas Leckeres.«

Beispiel für eine ungewollte Verknüpfung: Betteln am Tisch.

Direkt nach dem Essen füttert Frau Müller ihren Hund, der bis dahin brav im Körbchen lag, mit den Essensresten auf ihrem Teller. Nach einiger Zeit kommt der Hund immer öfter bereits vor Ende der Mahlzeit zum Tisch und wartet dort. Frau Müller isst → Hund kommt zum Tisch und setzt sich → er bekommt etwas zu fressen.

Der Hund hat gelernt: »Wenn Frauchen isst, bekomme ich etwas ab. Ich gehe schon einmal zu ihr.«

Beachten Sie, dass dies nur zwei Möglichkeiten des Lernens sind. Parallel dazu laufen viele Lernprozesse ab, wie etwa Lernen durch Nachahmung usw.

Basics fürs Hundetraining

Trainieren Sie anfangs in einer reizarmen Umgebung mit einem hohen Motivationsanreiz und mehreren Wiederholungen pro Trainingseinheit. Beides besser täglich anstatt nur einmal pro Woche.

Das Maximum erreichen

Nutzen Sie Verstärker, um Ihren Hund zu animieren, eine Übung motiviert und mit Ausblick auf Belohnung umzusetzen. Geben Sie Ihrem Hund den Verstärker im richtigen Augenblick, also unmittelbar, nachdem er das gewünschte Verhalten zeigt. So kann er einen Bezug zur Übung herstellen. Das hilft ihm ungemein, Ihrer klaren Struktur zu folgen, diese zu verstehen und mit Freude mitzumachen. Erfolg auf der ganzen Linie.

Vermeiden Sie Strafen

Gerade im Training, wenn Ihr Hund noch nicht das perfekte Ergebnis erarbeitet oder die Übung verstanden hat, ist es wichtig, ihn zu unterstützen und nicht durch Strafe zu demotivieren. Bedenken Sie, es liegt in unserer Verantwortung, den Hund korrekt anzuleiten. Strafe hemmt den Hund.

Ordnen Sie Ihre Stimmung ein

Sie können sowohl eine positive und motivierende Stimmung auf Ihren Hund übertragen als auch eine schlechte. Die positive soll Ihren Vierbeiner zum freudigen Mitmachen animieren. Die schlechte Stimmung trägt oft dazu bei, dass an diesem Tag bei Ihnen einiges schiefläuft und auch im Hundetraining nichts klappt.

Stimmungsübertragung hilft jedoch grundsätzlich, einen Hund auf Dauer leichter zu lenken und so die Mensch-Hund-Beziehung zu verbessern. Vor jedem Training sollten Sie Ihre eigene Stimmung wahrnehmen und überprüfen.

Sind Sie in guter Stimmung, beginnen Sie mit dem Training. Sind Sie in schlechter Stimmung, verschieben Sie das Training oder verändern Sie die eigene Stimmung, denn auch das ist durchaus möglich. Prinzipiell sollten Sie sich an folgenden Ablauf gewöhnen, bevor Sie in ein Training starten:
- Nehmen Sie selbst eine positive Stimmung an.
- Bleiben Sie in der guten Stimmung, trotz möglicher Ablenkungen.
- Übertragen Sie Ihre positive Stimmung auf den Hund.

Beurteilen Sie, ob Sie Ihre Stimmung selbst kontrollieren können, oder ob Sie sich durch den Alltag, Mitmenschen oder Tiere zu einer anderen Stimmung hin manipulieren lassen.

Hier einige Möglichkeiten, um die eigene Stimmung zu kontrollieren:
- Sie sind in der Lage, klar zu denken.
- Sie planen die genaue Trainingseinheit.
- Sie finden Ruhe durch Konzentration.
- Ihre Muskeln sind entspannt.
- Ein Spaziergang oder eine Runde joggen bringen uns wieder »runter« und verhelfen zu einem klaren Kopf.
- In den Bauch atmen und durch den Mund – wie beim Kerzeausblasen – dreimal kurz die Luft herausdrücken. Den Rest der Luft entspannt fließen lassen.

Halten Sie Ihre positive Stimmung und übertragen Sie diese auf Ihren Vierbeiner. Im 5. Kapitel, ab Seite 160, erhalten Sie noch weitere Tipps, wie man zeitnah die Stimmung verbessern kann.

Bedenken Sie immer, dass wir das Verhalten des Hundes erhalten, das wir belohnen. Zeigt der Hund auch weiterhin unerwünschtes Verhalten, finden Sie heraus, was genau Sie in diesem Fall tatsächlich belohnen.

Hundeerziehung ist auch Einstellungssache

Jeder Hundehalter hat seine eigene Vorstellung davon, wie er mit seinem Vierbeiner umgeht und wie er ihn erzieht. Sie müssen sich vor allem treu bleiben und lernen, mit anderen Meinungen umzugehen.

Unbestritten wird jeder, der seinen Hund liebt, bestrebt sein, für dessen Wohlergehen zu sorgen und die volle Verantwortung für ihn zu übernehmen. Man gibt sein Bestes, damit es dem Vierbeiner möglichst in jeder Situation gut geht. Doch was ist das Beste? Das definiert man häufig selbst, entweder durch gemachte Erfahrungen, die eigene Moral und durch bestimmte Erziehungsmuster. Geht man davon aus, dass dies auch andere Hundehalter so handhaben, wird schnell klar: Es gibt viele verschiedene Betrachtungsweisen für den Umgang mit dem Hund.

Unterschiedliche Sicht der Dinge

In einer bestimmten Situation stellen Sie fest, dass ein Hundehalter völlig anders reagiert als Sie. Wie gehen Sie damit um?

Eine alltägliche Situation

Sie gehen mit Ihrem angeleinten Vierbeiner spazieren und treffen plötzlich auf einen frei laufenden Hund, der Ihrem verdächtig nahekommt. Ihnen ist der Fremde nicht ganz geheuer. Ein unangenehmes Gefühl beschleicht Sie. Erst nach einigen Sekunden – gefühlten Minuten – kommt der Halter entspannt um die Ecke und ruft seinen Hund. Dieser reagiert jedoch zunächst nicht, und Sie stehen mit beiden Hunden alleine da. Der Halter kommt näher, nimmt seinen Hund an die Seite und geht einfach weiter. Stress für Sie und Ihren Hund – für den freilaufenden wahrscheinlich auch, nur dessen Halter hat dies gar nicht bemerkt.

Sie haben sich über den frei laufenden Hund, der anscheinend völlig unkontrolliert macht, was er will, erschreckt. Hinzu kommt die entspannte Haltung des anderen Hundehalters, der dieselbe Situation wie Sie erlebt hat, aber mit einer völlig anderen Stimmung reagiert. Er hat offenbar eine andere Wahrnehmung als Sie. Sie hätten sich vielleicht entschuldigt und Ihren Hund umgehend angeleint. Aber nicht alle reagieren in solch einer Situation gleich. Die spannende Frage ist nun, was können Sie tun, um aus solchen Situationen gestärkt herauszugehen, anstatt erschrocken zuzusehen oder sich aufzuregen.

Ändern Sie nur das, was möglich ist

Sie können einzig und allein die Verantwortung für sich und Ihren Hund übernehmen. Sind Sie in der Lage, Ihren Hund zu lenken, hilft Ihnen das ein ganzes Stück weiter. Außerdem sollten Sie sich nicht aufregen oder gar Streit mit dem anderen Hundehalter vom Zaun brechen. Andernfalls schrauben Sie sich emotional hoch, und Ihr Stresspegel steigt. Diese negative Stimmung überträgt sich auch auf Ihren Hund (→ Stimmungsübertragung, Seite 104), und die nächste Begegnung mit jenem Hundehalter und seinem Vierbeiner brächte Sie beide

Diskussionen unter uneinigen Hundehaltern bringen meistens nur Ärger. Gehen Sie diesen aus dem Weg.

Läuft es rund, steht die Welt auch einfach mal still. Genießen Sie solche Augenblicke.

Je besser die Bindung und Kommunikation, desto weniger müssen Sie sich über eine Leine »verbinden«.

wieder in eine Stresssituation. Besser: Bewahren Sie Ruhe, fokussieren Sie sich auf Ihren Hund. Gehen Sie freundlich weiter, verharren Sie nicht an Ort und Stelle – Bewegung baut Stress ab. Lassen Sie sich auf keine Diskussionen oder Schuldzuweisungen ein. Getreu dem Motto: Winken und lächeln – einfach ruhig weiter atmen. Legen Sie den Fokus auf das, was Ihnen guttut.

Kluges Verhalten zahlt sich aus

Selbst wenn man sich missverstanden oder im Recht fühlt, ist es das ein oder andere Mal klüger, einen Gang zurückzuschalten. Dabei geht es nicht darum, einen Konflikt um jeden Preis zu vermeiden. Sie sollen sich auch gut fühlen, mit dem, was Sie tun. Doch wenn Sie in unangenehmen Situationen »mit Köpfchen« reagieren, haben Sie stets eine Strategie parat, die Sie in solchen Situationen anwenden können.

Gerade dann, wenn der genaue Plan noch fehlt, um gezielt aus der stressigen Situation herauszukommen, Sie aber merken, dass Ihr Blutdruck bedenklich ansteigt, heißt es: So schnell wie möglich raus aus der Nummer – schnellstmöglich in den sicheren Hafen, damit Sie und Ihr Vierbeiner entspannen können. Brechen Sie den Spaziergang einfach ab, wenn Sie keinen anderen Ausweg sehen. Sie dürfen das!

Mit Plan reagieren

Wenn Sie gezielt aus einer Stresssituation kommen möchten, brauchen Sie einen Plan. Beginnen Sie die Planung außerhalb des stressigen Umfelds. Kommen Sie aufgrund eines Vorfalls genervt vom Spaziergang zurück, verschieben Sie die Planung auf später, wenn Sie gefasster sind. Dann stellen Sie sich die erste Frage: »Ist das, was ich gerade erlebt habe, in zehn Jahren noch wichtig?« Viele Themen relativieren sich, und oft schmunzelt man an der Stelle auch. Ist das nicht der Fall, schreiben Sie – neutral und nicht bewertend – in Stichpunkten auf, was passiert ist. Anschließend notieren Sie dahinter, was Sie an der Situation gestört hat und welches Gefühl Sie dabei hatten. Sie möchten nämlich nicht nur eine Technik anwenden, sondern auch die Emotion verändern. Schließlich soll es Ihnen beim nächsten Mal besser gehen.

Nun schreiben Sie auf, wie Sie und Ihr Hund sich verhalten werden, wenn Sie noch einmal in solch eine unangenehme Situation geraten. Achten Sie darauf, dass Sie Formulierungen vermeiden wie: »Ich wäre schon glücklich, wenn ...« Somit boykottieren Sie Ihren Trainingsplan, bevor er entstanden ist. Formulieren Sie einfach Ihren Wunsch! Wenn Sie dann wissen, was Sie tun wollen, prüfen Sie noch, ob sich eine positive Emotion bei Ihnen einstellt. Dann passt es, und Sie können Ihr Ziel umsetzen.

Verzichten Sie auf Druck

Berücksichtigen Sie bei Ihren Planungen jedoch grundsätzlich, dass nicht immer alles hundertprozentig gelingen muss. Geben Sie sich in Situationen, in denen Sie aufgrund der Umsetzung oder des Trainings gestresst sind, auch mit weniger zufrieden. Passen Sie Ihre Messlatte an. Kommt Ihnen zum Beispiel der Mann mit dem frei laufenden Hund wieder entgegen, haben Sie vielleicht jetzt einen Plan. Doch Ihr Bauchgefühl sagt Ihnen im letzten Moment, dass es die Situation nicht will. Dann dürfen Sie jederzeit den Spaziergang abbrechen, um den unerwünschten Kontakt zu vermeiden. Sie sind nicht vor dem Konflikt geflüchtet! Ihr Hund lernt daraus, sowohl nicht angespannt sein zu müssen als auch, dass es einen Plan B zum Konflikt gibt. Vielleicht sind Sie mit Ihrer Leistung nicht zufrieden, aber Sie haben Schaden vermieden. Weiter so! Im nächsten Kapitel schauen wir uns verschiedene Lösungswege an.

> ### Tipp
>
> *Streichen Sie das Wort »müssen«*
>
> Setzen wir uns selbst unter Druck, fallen Vokabeln wie »müssen«. »Ich muss noch mit dem Hund raus ... « Stopp! Als Sie sich einen Hund anschafften, sagten Sie bestimmt nicht, dass Sie mit ihm rausgehen müssen. Das klang sicher anders. Durch Erfahrung, Stress und Konflikte programmieren wir uns um und kündigen schon vor der eigentlichen Situation an, dass wir diese nicht wollen. Besser: Sie können und dürfen mit Ihrem Hund spazieren gehen!

Life-Dog-Balance Alltag werden lassen

In diesem Kapitel begleiten wir Sie in Ihrem Alltag und geben Tipps und Trainingsideen, wie Ihr Leben noch entspannter werden kann. Folgen Sie uns und probieren Sie gern alles einmal aus.

Werden Sie zusammen mit Ihrem Hund aktiv

Wir haben uns nun mit vielen Dingen beschäftigt, die für Sie und Ihren Hund im Alltag wichtig sind und Sie zudem entspannen. Diese sollten nicht nur trainiert, sondern auch erlebt werden!

Wir alle verweilen gern in unserer Komfortzone. Anstrengung und Überwindung werden hier weitgehend vermieden. Alles kann ohne Anstrengung ausgeführt werden. Hier geht es uns gut, und der Körper hat die Möglichkeit, Stresshormone abzubauen. Wer jedoch nie seine bequeme Komfortzone verlässt, kann auch kein persönliches Wachstum erreichen. Oft gehen wir sogar Konflikten bewusst aus dem Weg. Allerdings löst das auf Dauer keine Probleme. Folgerichtig müssen wir uns auch einmal hinauswagen und prüfen, was sich außerhalb unserer Komfortzone tut.

Die Komfortzone verlassen

Stellen Sie sich Ihren Problemen. Überfordern Sie sich und Ihren Vierbeiner dabei jedoch nicht. Die richtige Dosis macht's.

Probleme Schritt für Schritt lösen

Wenn Sie sich hoch motiviert vielen Problemen gleichzeitig stellen, ist das zwar ein erster lobenswerter Schritt, allerdings kann Sie das im zweiten und dritten Schritt überfordern. Das Resultat: Sie würden Ihre Komfortzone nicht mehr verlassen und höchstwahrscheinlich beschließen, nun erst mal doch lieber dort zu bleiben.

Seien Sie strategisch. Nehmen Sie sich Ihre Problemliste vor und schreiben Sie nun hinter die einzelnen »Störfelder«, ob es sich dabei um schwerwiegende, mittlere, leichte Probleme oder Luxusprobleme handelt. Allein diese Einteilung sortiert die Problemliste bereits wesentlich.

Überlegen Sie nun, womit Sie beginnen möchten. Manche Menschen wollen gleich die schwierigsten Probleme angehen. Das ist genauso in Ordnung, wie sich erst einmal um Luxusprobleme zu kümmern. Wichtig, um aus Ihrer Komfortzone herauszukommen, ist es, die Aufgaben so zu wählen, dass Sie zwar gefordert, aber nicht überfordert sind. Der Erfolg wird sich einstellen, gegebenenfalls kostet Sie das aber auch ein paar Schweißperlen. Macht aber nichts! Daran wachsen Sie. Finden Sie selbst keinen Lösungsansatz, scheuen Sie sich nicht, einen Hundetrainer zu konsultieren. Sie müssen den Weg keinesfalls alleine gehen.

Der Alltag

In unseren täglichen 24 Stunden mit dem Hund durchleben wir besondere Zeiten und Rhythmen. Oft wissen Hund und Halter gar nicht, warum etwas klappt oder nicht oder ob der Hund gerade im Trainingsmodus ist oder eher auf Entspannung gestellt hat. Hinterfragen Sie deshalb speziell, wenn etwas nicht klappt: In welchem Zustand befinden Sie und Ihr Hund sich denn überhaupt? Alltag für uns ist, wenn alles normal erscheint und wir in unseren Routinearbeiten stecken. Die unauffällige Runde mit dem

Ganz exakt hat der Hund die Übung nicht ausgeführt. Er liegt nur mit einer Körperhälfte auf seiner Decke.

Hund am Nachmittag, die Zeit der Fellpflege oder das gemeinsame Ausruhen auf der Couch. Hier scheint alles glattzulaufen. Doch manchmal trügt der Schein. Aus unserer Sicht klappt zwar alles, aber der Hund zeigt ein gewünschtes Verhalten nicht zu 100 Prozent, sondern vielleicht nur zu 80 Prozent. Dennoch sind Sie mit dem Ergebnis zufrieden, und somit wird nichts verbessert – ganz im Gegnteil.

Im Laufe der Zeit sinkt die Leistung des Hundes weiter, weil er sich durch diverse Belohnungen bestätigt fühlt, dass seine Leistung ausreichend ist. Wieso also sollte er mehr oder eine bessere Leistung zeigen? Sinkt das Leistungslevel beim Hund, steigt irgendwann unser Leidensdruck. Wir fragen uns, warum der Vierbeiner die Übung mittlerweile anders ausführt, als wir es seinerzeit mit ihm trainiert haben. Spielen Sie Sherlock Holmes und scannen Sie Ihren Alltag. Belohnen Sie Ihren Hund für wirklich tolle Leistungen. So kann er verstehen, dass die Übung genauso gewünscht ist, wie er sie ausgeführt hat. Er begreift, dass sich sein Verhalten lohnt.

Das Training

Beim Hundetraining wird nichts dem Zufall überlassen. Sie sollten alle Schritte und Teilschritte planen und auch plötzlichen Vorkommnissen die kalte Schulter zeigen. Ihr Hund merkt sofort, dass Sie einen Plan haben, und wird daraufhin auch alles gern ausführen. Erfolge stellen sich schnell ein. Gleichzeitig lernt der Hund aber auch, dass es einen Trainingsmodus gibt, immer dann, wenn Sie gut vorbereitet sind und das Glücksrad rundläuft.

Es besteht aber die Gefahr, dass der Hund sein Verhalten mit dem Trainingsmodus gleichsetzt und er es nicht einfach so in den Alltag, in die Routine, umsetzt. Das liegt daran, dass Hunde kontextbezogen lernen (→ Seite 102). Während des Trainings und im normalen Alltag klingen Ihre Signale für den Hund anders – konzentriert im Training und entspannt im Alltag. Wenn Sie nun ein Signal im entspannten Alltagsmodus fordern, kann es sein, dass der Hund sich sicher ist, er muss das gewünschte Signal nicht perfekt ausführen, selbst dann nicht, wenn zehn Minuten zuvor ein Training erfolgte.

Je genauer Ihre Anweisungen an den Hund sind, umso eher weiß der Vierbeiner, was er tun soll.

Schauen Sie, dass markante Trainingsmerkmale langsam alltagstauglich werden. Das ist für Sie und Ihren Hund entspannter, als wenn Sie stets in den Arbeitsmodus gehen müssten. Sie wünschen sich ja, dass alles ohne Aufregung und Anspannung gelingt und der Alltag locker in jeder (!) Situation zu meistern und zu lenken ist.

Das Management

Management ist unser Plan B. Diesen benötigen wir, wenn das Training noch nicht vollendet ist und der Hund/Halter aber dennoch in bestimmten Situationen Unterstützung benötigt. Es ist dann zwar nicht die optimale Lösung, aber eine, die den Hund entspannt und nicht zu einer Verschlimmerung des Problems führt. Mag Ihr Hund etwa keinen Besuch und knurrt diesen an, kann er durch entsprechendes Training soviel Sicherheit erlernen, dass er im Körbchen liegen bleibt und trotzdem mit von der Partie ist. Grenzen zu ihm werden gewahrt, und auch er verhält sich entspannt und wartet nur auf Signale von Frauchen.

In der Tat kann man das hinbekommen, aber es braucht Zeit. Es kann mehrere Wochen dauern, bis aus neuen Regeln Rituale werden. Für diese Zeit, die wir nun überbrücken müssen, brauchen wir das Management. Dazu kann gehören, dass der Hund sich während des Besuchs in einem anderen Raum aufhält – vorausgesetzt, er ist gern dort. Ein Kindertürgitter trennt ihn vom Besuch, lässt ihn aber dennoch am Geschehen teilhaben. Er könnte aber auch für die Dauer des Besuchs zu einem Hundesitter gebracht werden. Auch Hilfsmittel, wie Geschirre und Trainingszubehör, können je nach Situation das Management unterstützen. Diese Hilfsmittel werden nach einiger Zeit meistens nicht mehr benötigt. Beispiel: Ein Hund, der wildert, muss gesichert geführt werden. Freilauf kann nur dann gewährt werden, wenn der Hund nahezu hundertprozentig abrufbar ist. Bis das klappt, kann der Hund an einer Schleppleine am Geschirr geführt werden. Ziel ist aber nicht das Laufen an der Schleppleine, sondern es dient dazu, die Situation zu managen, bis der Hund sicher gelenkt werden kann.

Das Troubleshooting

Probleme im Alltag mit Hund wird es immer wieder geben. Spontan springt ein fremder Hund auf Sie und Ihren Vierbeiner zu, oder ein ungeahntes Loch befindet sich im Zaun, und Ihr Hund entwischt. Die Liste kann jeder Hundehalter beliebig füllen. Sehen Sie Troubleshooting, die Bewältigung des Problems, als Ihre persönliche Herausforderung. Wichtig: Nicht darüber ärgern! Es passiert! Versuchen Sie die stressige Situation für Sie beide sofort zu beenden.

Während des Troubleshootings sind Sie nicht im Trainingsmodus. Souverän zu sein, wird in einer Schrecksekunde nicht funktionieren. Schön wird das Training in diesem Moment auch nicht aussehen. Von daher stecken Sie keine Kraft hinein, um eine Situation zu retten, die nicht zu retten ist. Hier hilft nur noch der Rückzug. Nach dem Schreck, wenn Puls und Hormone wieder normal sind, können Sie sich der Situation stellen und ein entsprechendes Training planen. Dann schließt sich der Kreis.

Entspannung im Alltag durch Filtern der »Nachrichten«

In der Hundeszene gibt es jede Menge Erzählungen darüber, was wahr ist und was nicht. Das stresst Hund und Halter. Einige Mythen können Sie aus Ihrem Leben verbannen – Entspannung pur! .

Sicher kennen Sie diese Situation: Sie werden ungefragt darüber aufgeklärt, welche »Probleme« Ihr Hund angeblich hat und welches gefährliche Verhalten möglicherweise, aber eigentlich ganz sicher, daraus resultieren könnten. Sie merken schon, dass man bereits beim Lesen nervös wird und in einer realen Situation erst recht. Bedenken Sie bitte zwei Dinge: Nehmen Sie immer nur Rat an, wenn Sie darum gebeten haben, und versuchen Sie ungewünschte Ratschläge abzuschütteln. Zudem hinterfragen Sie, ob diese Informationen auch wahr sind, denn viele Weisheiten stimmen häufig nicht.

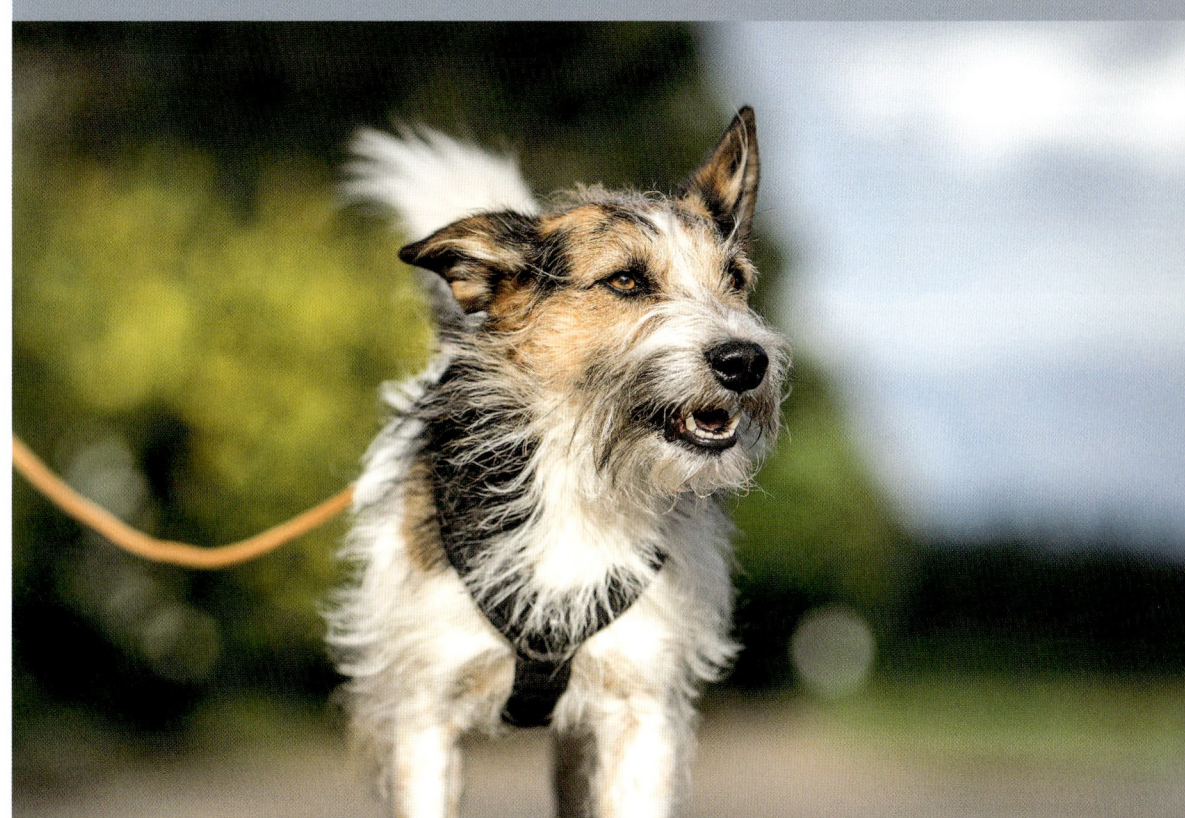

Falsch oder wahr?

Viele Behauptungen halten sich hartnäckig, obwohl sie so nicht immer richtig sind.

1. »Mein/Ihr Hund ist dominant.«

Solch einem Vierbeiner wird unterstellt, er manage jede Situation nach seinem Willen und unterwerfe alle anderen. Dem ist aber nicht so! Ein Hundehalter, der seinen Hund als »dominant« bezeichnet, kann verschiedene Dinge meinen: Vielleicht wirkt der Hund respektlos oder verteidigt sein Futter. Oft fällt diese Vokabel auch, wenn er sich Artgenossen gegenüber rüpelhaft verhält. Der Begriff »Dominanz« beschreibt jedoch wissenschaftlich betrachtet keine feststehende Charaktereigenschaft, sondern ist eine Form der Beziehung zwischen zwei Individuen. Das ist ein großer Unterschied. In einer solchen Beziehung nimmt sich der eine Hund bestimmte Freiheiten gegenüber dem anderen heraus, was ohne Beschwerde akzeptiert wird. Letzteres ist besonders wichtig. Dominanzbeziehungen dienen dazu, ständig wiederkehrende Streitereien über Ressourcen und Privilegien zu vermeiden. Hinter unerwünschtem Verhalten gegenüber dem Menschen steht meist der Wunsch nach Klarheit und Regeln.

2. »Hunde, die mit dem Schwanz wedeln, freuen sich.«

Die Aussage kann leider nicht ausnahmslos so stehen bleiben. Korrekt ist, dass Hunde zwar mit dem Schwanz wedeln, wenn Sie sich freuen, sie dies aber auch in vielen anderen Situationen tun. Zum Beispiel beim Aggressionsverhalten, wenn sie auf andere Hunde treffen. Schwanzwedeln ist erst einmal nur ein Zeichen von Erregung, das sowohl positiv als auch negativ sein kann. In einer Studie fand man heraus, dass Hunde – je nachdem, ob sie positiv oder negativ gestimmt sind – mehr in die eine oder die andere Richtung wedeln: Ein Hund, der entspannt und freundlich gestimmt ist, wedelt demnach mehr nach rechts, ein angespannter oder ängstlicher Vierbeiner mehr nach links. Schauen Sie sich jedoch immer die gesamten Begleitumstände der jeweiligen Situation an. Das hilft Ihnen, die emotionale Verfassung Ihres Vierbeiners besser einzuschätzen.

Um Ihren Hund richtig einzuschätzen, schauen Sie sich den ganzen Körper an. Ihr Hund macht das auch.

3. »Mein Hund will mich ärgern. Er kann die Übung, macht sie aber nicht.«

Es gibt viele Gründe, warum ein Hund ein Signal nicht umsetzt. In den wenigsten Fällen möchte er Sie jedoch damit ärgern. Oft ist es so, dass der Vierbeiner gar nicht genau weiß, was er tun soll. Er will, kann aber nicht. Vielleicht wurde das Signal nicht richtig trainiert, und der Hund hat gar nicht verknüpft, dass »Platz« bedeutet »Leg dich auf den Boden«.

Wie haben Sie Ihrem Hund die Signale beigebracht? Es ist ein großer Unterschied, ob Sie es mit dem Hund trainiert haben oder es einfach benutzen und davon ausgehen, dass er schon das Richtige tun wird. In letzterem Fall erfolgt keine Verknüpfung zwischen einem Signal und einer gewünschten Handlung. Viele Hundehalter rufen ihren Hund, wenn er wegläuft, zum Beispiel mit dem Signal »Hier«. Wurde das Verhalten aber nicht korrekt trainiert, verknüpft der Hund mit Ihrem »Hier« das Weglaufen. Jedes Signal sollten Sie nach den Lernregeln korrekt antrainieren.

Auch Stress und Überforderung hemmen die Umsetzung von Signalen. Verlangen Sie Ihrem vierbeinigen Freund nur das ab, was Sie ihm beigebracht haben. Trainieren Sie immer von leicht nach schwer.

4. »Unsere Körpersprache ist für den Hund wichtiger als die Ansprache.«

Tatsächlich ist es so, dass unsere Hunde mehr darauf achten, was wir tun, als darauf, was wir sagen. Sie reagieren sehr feinfühlig auf die menschliche Körpersprache. Problematisch wird es, wenn unser Tun und Sagen nicht übereinstimmen. Beispiel: Sie rufen Ihren Hund mit freundlicher Stimme, um ihn zum Kommen zu animieren. Sie beugen sich ihm entgegen, strecken die Hände aus und strahlen ihn an. Plötzlich wendet der Hund sich ab und beendet die Übung frühzeitig. Was ist passiert? Zwar hat Ihre Stimme die Einladung ausgesprochen, Ihr Körper signalisierte jedoch »Bleib weg!«. Manche Vierbeiner haben weniger ein Problem mit diesen »Ungereimtheiten«. Andere fangen früher oder später an, in solchen Momenten ein Meideverhalten zu zeigen oder mit Stress zu reagieren. Durch kleine Veränderungen entspannen Sie sich und Ihren Hund.

5. »Jeder Hund mag es, angefasst und gestreichelt zu werden.«

Für viele Hunde trifft das zu – aber eben nicht für alle. Einige Hunde mögen Streicheln während des Trainings nicht, da Berührungen ihre Konzentration unterbrechen können. Wenn Sie das nächste Mal mit Ihrem Hund trainieren, widerstehen Sie, ihn währenddessen zu streicheln. Am Ende des Trainings können Sie natürlich wieder eine ausgiebige Kuschelrunde als Belohnung anhängen, wenn Ihr Hund dies gern mag. Klären Sie auch im Vorfeld mit anderen Hundehaltern, ob Sie einen fremden Hund streicheln dürfen.

6. »Mein Hund will mich nicht verstehen.«

Unklarheit in der Kommunikation zwischen Mensch und Hund ist ein Thema, das sich wie ein roter Faden durch den Alltag zieht. Viele Hundehalter haben leider kein klares Bild im Kopf, wie ihr Hund sich genau verhalten soll, wenn sie ein bestimmtes Signal geben. Klar: »Sitz« bedeutet »Nimm den Popo auf den Boden«. Darin herrscht meist

Einigkeit. Wie lange der Hund sitzen soll, ist dagegen oft schon unklar und wird nicht konsequent umgesetzt. Vielleicht reicht es Ihnen bereits, wenn sich der Hund kurz hinsetzt und alleine wieder aufsteht, etwa wenn Sie ihn anleinen und losgehen wollen. Ihr Hund kann jedoch nicht unterscheiden, wann es anscheinend okay ist, dass er selbst das Sitz auflöst, und wann er plötzlich dafür getadelt wird. Beispiel: Sie gehen mit Ihrem Hund spazieren und treffen eine Bekannte. Sie möchten einige Minuten ungestört mit ihr plaudern. Ihr Hund führt Ihr Signal »Sitz« korrekt aus. In dieser Situation erwarten Sie jedoch, dass er ruhig sitzenbleibt, bis Sie das Signal auflösen. Doch er wird, weil es bisher ja auch ging, aufstehen, wenn er das möchte. Sie werden angespannt, und der Hund versteht nicht, warum, nimmt diese Stimmung aber auch an. Überlegen Sie daher für jedes Signal, das Sie trainieren, vorher genau, wie die Ausführung aussehen soll. Beantworten Sie vorab stets diese vier Fragen:

- Was genau soll Ihr Hund tun? – Zum Beispiel den Popo auf den Boden nehmen.
- Wann soll Ihr Hund das tun? – Zum Beispiel dann, wenn Sie »Sitz« sagen.
- Wo soll Ihr Hund das tun? – Zum Beispiel überall dort, wo Sie »Sitz« sagen.
- Wie lange soll Ihr Hund das tun? – Zum Beispiel, bis Sie das Signal »Weiter« oder ein anderes Signal geben.

So sind Sie für Ihren Hund klar und vermeiden unnötigen Stress.

7. »Hunde müssen immer ausgelastet sein«

Diese Aussage bringt den einen oder anderen Hundehalter in Stress, gerade, wenn er einen besonders aktiven Vierbeiner zu Hau-

Gemeinsames Lernen und etwas erarbeiten bringt nicht nur Spaß und Klarheit, sondern verbindet auch.

se hat. Zwar sollte jeder Hunde ausgelastet werden, jedoch stets entsprechend seinem Temperament, seiner Persönlichkeit und genetischen Disposition. Es gibt eine Vielzahl von Auslastungsmöglichkeiten, die Ihren Hund – nach getaner Arbeit – körperlich und/oder geistig entspannen können. Dennoch ist auch hier die Balance wichtig. Sie und Ihr Hund müssen sich wohlfühlen. Wenn Sie sich zu sehr engagieren, ist zwar Ihr Hund ausgelastet, aber Sie sind fix und fertig. Das geht auf Dauer nicht gut. Dosieren Sie Ihr gemeinsames Hobby. Beachten Sie auch, dass Hunde ein sehr hohes Schlafbedürfnis haben. Schauen Sie, ob das gewählte Hobby den Hund entspannt oder eher hochfährt. Ist Letzteres der Fall, passt etwas nicht. Finden Sie gemeinsam mit Ihrem Hund heraus, was Sie beide entspannt.

Der Hund darf mit zum Arbeitsplatz

Einen Hund zu halten, ist für viele Menschen ein Geschenk, ihn mit zur Arbeit zu nehmen, ist jedoch der pure Luxus. Vielleicht haben Sie die Möglichkeit, Ihren Wunsch in die Tat umzusetzen.

Mittlerweile hat es sich herumgesprochen: Hunde sind gut für das Betriebsklima. Unsere vierbeinigen Freunde vermindern die Burnout- oder Depressionsgefahr, fördern die Kreativität und sorgen für ein geringeres Stressempfinden beim Menschen. Die Mitarbeiter haben mehr Spaß bei der Arbeit, sind loyaler dem Betrieb gegenüber und weniger krankheitsanfällig. Es gibt also zig Gründe, die für die Mitnahme des Hundes zum Arbeitsplatz sprechen. Natürlich müssen aber Sie und Ihr Hund dabei im Mittelpunkt stehen, denn auch bei der Arbeit sollte Ihre Life-Dog-Balance gefunden werden.

Der Neue im Team hat Fell

Als Hundehalter steckt man häufig in dem Dilemma, den eigenen Alltag gut zu bewältigen und dem Hund gerecht zu werden. Das löst einerseits ein schlechtes Gewissen aus und andererseits übt es auch einen erheblichen Druck auf uns aus, weil wir es allen recht machen wollen. Haben Sie das Glück und dürfen Ihren Hund mit zur Arbeit nehmen, sinkt zwar das schlechte Gewissen gegenüber dem Hund, aber der eigene Leistungsdruck gegenüber den Kollegen wächst. Folgende Punkte schwirren in vielen Bürohundehalter-Köpfen:

- Hoffentlich benimmt sich mein Hund nicht daneben und blamiert mich.
- Hoffentlich springt er die Kollegen nicht an. Nicht alle mögen Hunde.
- Die Kollegen denken bestimmt, dass ich meiner Arbeit nicht nachkomme, da ich mich um den Hund kümmere.
- Ich muss meine Leistung halten oder gar noch verbessern, weil ich den Hund mitbringen darf.

Doch keine Sorge, diese Gedanken werden sich legen. Denken Sie im Vorfeld daran, wer welche Bedürfnisse hat und wie Sie damit umgehen wollen.

Ansprüche des Hundes

Auch auf Ihrer Arbeitsstelle braucht der Hund Sicherheit und Klarheit. Bedenken Sie, dass ihm die Logik zum Thema »Arbeit« fehlt und er gar nicht nachvollziehen kann, warum sie sich an diesem Ort aufhalten.

Somit sollte zu seinem Survival-Pack gehören, dass Sie ihn führen können. Einfacher ist es, wenn Ihr Vierbeiner die gängigen und nötigen Signale für einen Ausflug ins Büro kennt, wie »Sitz«, »Platz«, »Hier«, »Nein«, »Auf die Decke«, das Laufen an lockerer Leine und ein Auflösewort. Ein Signal soll vom Hund so lange ausführt werden, bis Sie dieses mit dem Auflösewort beenden. Kennt der Hund diese Regel, wartet er, bis das geschieht, und kann währenddessen entspannen. Nehmen Sie ihm ein paar Geborgenheitsreize mit, die ihm guttun. Das kann ein Körbchen sein, in das er sich zurückziehen kann, und auch Spielzeug, wenn er das mag. Für Ihren Hund ist der Aufenthalt im Büro ein kleiner Ausflug. Schön ist es also, wenn er bekannte Rituale vorfindet.

Ein Hund im Büro ist für viele Hundehalter und Mitarbeiter eine tolle Sache und kann den Alltag entstressen.

Teambuilding – quasi ganz von alleine. Ihr Hund wird die Stimmung im Büro beeinflussen.

Zu zweit geht vieles leichter, und der Feierabend kann ohne schlechtes Gewissen genossen werden.

Überprüfen Sie im Vorfeld auch, ob Ihr Hund überhaupt ein »Business-Dog« ist. Findet Ihr vierbeiniger Freund das Büroleben zu stressig, sollte er lieber entspannt zu Hause auf Sie warten oder bei einem Hundesitter untergebracht werden.

Ansprüche der Kollegen

Herzlichen Glückwunsch – Sie haben grünes Licht von Ihrem Chef bekommen und dürfen Ihren vierbeinigen Begleiter in Zukunft mit zur Arbeit bringen. Doch was sagen Ihre Kollegen dazu? Jeder Kollege hat seine eigenen Bedürfnisse. Dazu gehört sowohl der Wunsch, Ihrem Hund nahe zu sein, aber genauso, nichts mit Ihrem Hund zu tun haben zu wollen. Respektieren Sie die Vorbehalte und akzeptieren Sie, dass nicht jeder Ihren Hund (sofort) toll findet. Schlagen Sie sich nicht auf ein Lager – meist ist es das »Team Hund«. Das bringt auf Dauer Unmut und setzt Sie unter erheblichen Druck.

Achten Sie darauf, dass sich niemand gestört fühlt und Ihr Hund niemanden belästigt. Gegenseitige Rücksichtnahme ist für eine gute Atmosphäre sehr wichtig. Hier macht sich Ihr Training bezahlt. Rufen Sie Ihren Hund frühzeitig ab, wenn er gerade zu einem Kollegen läuft, der lieber nicht begrüßt werden möchte. So zeigen Sie, dass Sie Ihren »höflichen« Hund im Griff haben.

Suchen Sie mit dem betroffenen Kollegen immer Kontakt und erfragen Sie, was Sie tun können, damit es ihm, trotz Anwesenheit des Hundes, besser geht. Tauschen Sie sich aus und bitten Sie den Kollegen, sich direkt an Sie zu wenden, wenn Probleme/Bedenken bestehen, sodass Sie diese schnell aus der Welt räumen können. Bekunden Sie auch, dass Sie nachvollziehen können, dass nicht jeder ein Hundefreund ist und Sie das respektieren. Besprechen Sie alle Dinge rund um den Hund immer offen mit den Kollegen. Vielleicht fertigen Sie eine »Bedienungsanleitung« für Ihren Vierbeiner an. Da nicht jeder Erfahrung mit Hunden hat, wissen einige Kollegen zum Beispiel wahrscheinlich nicht, warum sich Hunde ungern auf den Kopf tätscheln lassen. Leisten Sie Aufklärungsarbeit, damit es möglichst nicht zu unnötigen Missverständnissen kommt.

Tipp

Absprachen schriftlich festhalten

Wenn Sie Absprachen mit Ihren Kollegen treffen, halten Sie Vereinbarungen schriftlich fest. Gerade das Thema Hund ist sehr emotional belegt. Und es gibt Kollegen, die sich nicht an Absprachen halten. Das bringt Konflikte mit sich. Durch kleine, freundlich formulierte Vereinbarungen können Konflikte umgangen werden. Fragen Sie auch nach längerem Bestand, ob alle Vereinbarungen noch aktuell sind oder ein Update erfahren müssen.

Ihre eigenen Ansprüche

Vergessen Sie bei aller Umsicht Ihre eigenen Bedürfnisse nicht. Sie sollten nämlich Arbeit, Hund und Alltagswahnsinn langfristig mit Spaß und Freude unter einen Hut bekommen. Planen Sie die Schritte einzeln durch. Überlegen Sie, wo sich Ihr Hund im Normalfall problemlos an Ihrem Arbeitsplatz aufhalten kann, ob es Tabubereiche gibt oder ob er alleine im Büro bleiben kann, weil Sie vielleicht einen Außentermin haben, bei dem Hunde unerwünscht sind. Bitte auch daran denken, wie der Hund untergebracht werden kann, wenn Sie ihn einmal nicht mit zur Arbeit nehmen können. Spielen Sie verschiedene Szenarien durch und planen Sie Ihren Arbeitsalltag so, dass Sie gern und entspannt arbeiten.

Langeweile überbrücken

Es wird bestimmt Tage geben, an denen sich auch der entspannteste Hund langweilt, wenn er Sie ins Büro begleitet. Ihr vierbeiniger Freund braucht eine sinnvolle Beschäftigung und natürlich auch Pausenzeiten für einen oder mehrere Spaziergänge.
Üben Sie ein paar kleine Tricks mit ihm ein. Mit etwas Fantasie fallen Ihnen bestimmt ein paar tolle Dinge ein, die Ihren Hund beschäftigen und Sie nicht zu sehr von der Arbeit ablenken. Lassen Sie ihn beispielsweise etwas in den Papierkorb tragen. Animieren Sie ihn dazu, Ihnen etwas zu bringen, das Licht anzuschalten oder vielleicht auch kurze Botengänge zu übernehmen. Dann macht der Tag im Büro auch Ihrem Vierbeiner viel Spaß.

Übung: Auf der Decke bleiben

Eine große Hürde im Büro ist geschafft, wenn Ihr Hund entspannt auf seiner Decke liegt. Kollegen können Sie besuchen, es darf gelacht werden, und auch andere Hunde bringen ihn nicht aus der Ruhe..

Sicheres Deckentraining

Sie brauchen etwas zum Locken des Hundes, beispielsweise Leckerchen oder sein Lieblingsspielzeug und eine Decke, die Ihrem Vierbeiner anschließend an Ihrem Arbeitsplatz als Ruhelager dient.

Ziel der Übung:

- Ihr Hund lernt auf ein von Ihnen gewähltes Signal, wie etwa »Auf die Decke«, eigenständig aus jeder Position und auch aus anderen Räumen, die Decke aufzusuchen und sich dort gern und entspannt hinzulegen. Er verweilt dort so lange, bis Sie ihm das Auflösesignal mitteilen. Diese Übung setzt der Hund auch bei jeglicher Ablenkung sicher um.

Übungsaufbau:

- Legen Sie anfangs die Decke in eine Ecke, weil der Hund dann nicht über die Decke nach hinten ausweichen kann. 1
- Ihr Vierbeiner sollte sich währenddessen in der Nähe befinden und Ihnen interessiert zuschauen. Er darf die Decke jedoch noch nicht betreten.
- Wählen Sie nun Ihr Motivationsmittel, zum Beispiel ein Leckerchen. Sollten Sie mit einem Clicker arbeiten, können Sie die gesame Übung auch damit aufbauen. Halten Sie das Leckerchen in der geschlossenen Hand. Laden Sie nun den Hund ein – die »Leckerchenhand« nahe an seiner Nase – Ihnen bis auf die Decke zu folgen. 2

Übung: Auf der Decke bleiben

- Ist Ihr Hund mit allen vier Pfoten auf der Decke, ziehen Sie die Hand Richtung Boden, sodass Ihr Hund motiviert ist, Ihrer Hand zu folgen und sich hinzulegen. 3
- Liegt Ihr Hund, öffnen Sie Ihre Hand und er bekommt das Leckerchen oder Ihr soziales und verbales Lob. 4
- Wiederholen Sie den Ablauf einige Male, gern auch mehrfach am Tag, bis Sie sicher sind, dass der Hund die kleine Handlungskette verstanden hat. Zum jetzigen Zeitpunkt zeigen Sie ihm nur die Handlung. Das Wunschsignal wird noch nicht eingesetzt, denn hier ist die Gefahr von Fehlverknüpfungen noch zu groß.
- Klappt der Ablauf gut, können Sie das Signal vorschalten. Setzen Sie es unmittelbar vor den Handlungsauslöser der Übung. Das bedeutet im besten Fall eine halbe Sekunde vor der einladenden Handbewegung, die den Hund lockt, mit auf die Decke zu gehen. Er wird so verstehen können, dass nach dem Signal die bereits verstandene Handlungskette einsetzt und er nach dem Hinlegen eine Belohnung bekommt.
- Klappt das, lassen Sie das Leckerchen nach und nach weg. Achten Sie jetzt aber darauf, dass Sie nicht jedes Mal an der Nase des Hundes andocken müssen, sondern er auf das verbale Signal reagiert und nicht mehr Ihre Hand benötigt.
- Sie haben nun eine Grundlage geschaffen, auf der Sie aufbauen können. Denken Sie nach der Übung daran, Ihrem Hund das Auflösesignal zu geben. Es sollte unabhängig trainiert werden.
- Verändern Sie Winkel und Entfernung zur Decke. Trainieren Sie mit unterschiedlichen Abständen zu Ihrem Hund. Bauen Sie Ablenkungen, wie Kollegen, Spielzeuge usw. ein. Der Hund muss lernen, dass sich das Liegenbleiben mehr lohnt. Bestätigen Sie seine richtigen Schritte.

So wird das Alleinbleiben zur Entspannung pur

Es gibt Situationen, in denen der Hund zu Hause auf uns warten oder für ein paar Stunden allein bleiben muss. Wenn Sie Ihrem Vierbeiner die Wartezeit angenehm gestalten, ist das kein Problem.

Hunde leben mit uns in einer sozialen Gemeinschaft. Zusammen mit »ihren« Menschen fühlen sie sich am wohlsten. Kein Wunder also, dass viele Hundehalter ein schlechtes Gewissen haben, wenn sie ihren Vierbeiner alleine lassen müssen oder ihn zu einem Hundesitter bringen. Ist der Hund an einem solchen Tag sowieso zu kurz gekommen, verstärkt sich dieses Gefühl noch. Intuitiv versucht man zum Beispiel, seine Einkäufe schneller zu erledigen. Das stresst. Und mit der Geduld ist es auch nicht weit her. Lange Schlangen etwa an der Supermarktkasse nerven tierisch …

Gut geplant ist halb gewonnen

Den Hund unvorbereitet allein zu lassen – das geht gar nicht. Der Vierbeiner muss das Alleinbleiben lernen.

Der Hund kann nicht überall mit hin

Ihr Vierbeiner begleitet Sie viele Jahre, und natürlich können Sie ihn nicht immer mitnehmen, zum Beispiel in den Supermarkt oder zum Arzt. Und es gibt Hunde, die zwar nicht gern allein bleiben, für die es aber noch schlimmer ist, sich im Stadtgetümmel zurechtfinden zu müssen und dies nicht gewöhnt sind. Trainieren Sie deshalb das Alleinbleiben systematisch mit Ihrem Hund. Am Ende wird er gern und entspannt zu Hause bleiben und Sie können mit einem guten Gefühl die Haustür abschließen und Ihres Weges gehen. Am besten trainieren Sie das Alleinebleiben schon mit dem jungen Hund. Aber auch ein älterer Hund lernt es, entspannt zu Hause zu bleiben.

Das erleichtert das Alleinbleiben

Sorgen Sie für weitere Entspannung, indem der Hund immer Zugang zu seinem Körbchen hat, sodass er sich stets dorthin zurückziehen kann. Viele Hunde kuscheln auch gern mal im Bett oder auf der Couch. An diesen Stellen gibt es viele Duftmarken von uns, die zumindest im Moment ein »Wir-Gefühl« für den Vierbeiner hinterlassen. Vielen Hunden hilft das zu entspannen. Sollte Sie das nicht stören, lassen Sie Ihren Hund. Haben Sie etwas dagegen, schützen Sie das Mobiliar, sodass der Hund es nicht nutzen kann.

Einige Hunde buddeln gern Topfpflanzen aus, wenn es ihnen langweilig ist. Tauschen Sie die Pflanzen besser gegen einen Kauknochen oder Spielzeug aus, die Ihr vierbeiniger Freund beknabbern kann. Kauen baut Stress ab und kann als sinnvolles Instrument das Entspannungsgefühl unterstützen. Es gibt auch Hunde, die sich in einer großen Wohnung verloren vorkommen. Manche halten sich während unserer Abwesenheit lieber nur in einem oder zwei Räumen auf (→ Wahrnehmung, Seite 58), andere nutzen gern die gesamte Wohnung. Stimmen Sie die Größe des Aufenthaltsbereichs auf das Bedürfnis Ihres Hundes ab.

Nicht jedem Hund fällt die Trennung leicht. Helfen Sie Ihrem Hund bei der Bewältigung des Problems.

Übung: Allein bleiben

Tür zu und weggehen mag mit dem einen Hund möglich sein, aber nicht mit allen. Wir stellen Ihnen eine Übung vor, die so kleinschrittig ist, dass Sie diese mit jedem Hund problemlos üben können.

Sich entspannt vom Hund entfernen

Für diese Übung brauchen Sie Leckerchen, ein Spielzeug und natürlich Ihren Hund.

Ziel der Übung:

Sie können Ihren Hund überall zum Hinsetzen auffordern. Er setzt sich freiwillig und lernt dabei, dass Sie sich entfernen werden. Das Signal darf er selbst auflösen und sich entspannt anderen Dingen widmen.

Übungsaufbau:

- Motivieren Sie Ihren Hund, sich hinzusetzen. Wählen Sie dabei nicht das bereits konditionierte Signal »Sitz«, denn das beinhaltet, dass sich Ihr Hund so lange in der Position befindet, bis Sie das Signal wieder auflösen. Locken Sie ihn mit einem Leckerchen in die Position, aber benennen Sie den Ablauf nicht weiter. Später geben Sie dem Signal einen neuen Namen, wie etwa »Banane«. Der Hund lernt, sich auf das Wort Banane hinzusetzen, er aber eigenständig wieder aufstehen darf, sollte es ihm zu lange dauern. Für den Hund bringt das Klarheit und macht Ihr »Sitz« nicht zunichte, dem immer ein Auflösesignal folgen sollte. **1**
- Wenn der Hund sitzt, ist ein Leckerchen als Belohnung fällig. **2**
- Ein Fixieren des Hundes durch ein »Sitz« (»Platz« oder »Steh« gehen natürlich auch) macht es dem Hund leichter, dass er Ihnen nicht hinterherlaufen wird. Distanzieren Sie sich einen Schritt von ihm. Gehen Sie danach denselben Schritt wieder auf ihn zu. Motivieren Sie Ihren Vierbeiner, etwas zu tun, das jedoch nicht mit Ihnen in direktem Zusammenhang steht. Dazu können Sie Spielzeug auslegen, auf das er sich gern stürzen darf. Benutzen Sie hier nicht das Auflösesignal, sonst wird Ihr Hund es in Zukunft immer erwarten. **3**
- Wiederholen Sie die Übung einige Male. Vergrößern Sie die Abstände und den Laufwinkel zum Hund. Drehen Sie sich um, sodass die Übung auch gelingt, wenn Sie ihm nicht in die Augen sehen. Viele Hunde halten Übungen nur aus, wenn sie ständig Blickkontakt zu ihrem Menschen halten. Unterbrechen Sie immer mal wieder den Kontakt und animieren Sie Ihren Vierbeiner, etwas ohne Sie zu tun. Letzteres soll er schließlich auch machen, wenn er allein ist.
- Klappt dieser Schritt, gehen Sie in andere Räume und beschäftigen sich dort kurz, kommen wieder und beenden die Sequenz, wie im vorherigen Punkt beschrieben. Die Abstände und Zeiten Ihrer Abwesenheit werden mit der Zeit immer größer und länger. Gehen Sie in den Flur, ins Treppenhaus, in die Küche, das Bad den Keller usw. Kommen Sie wieder zurück, loben Sie Ihren Hund, und dann geht jeder seines Weges.
- Ihrem Hund vermitteln Sie auf diese Weise eine Routine. Sie gehen weg, und alles bleibt in Ordnung. Sie kommen wieder, aber beschäftigen sich nicht mit ihm. So baut sich beim Hund keine Erwartungshaltung auf, sondern er muss sich selbst beschäftigen. **4**

Schaffen Sie durch diese Schritte eine stressfreie Basis, bei der Ihr Hund lernt, dass ein ständiges Hinterherlaufen Energieverschwendung ist und auch die Wohnung ohne Sie nicht zusammenbricht. Sie vermitteln souverän, dass es normal ist, kurzfristig auch mal getrennte Wege zu gehen.

Mit dem Hund entspannt spazieren gehen

Damit der gemeinsame Spaziergang mit Ihrem Hund ein Vergnügen für beide Seiten wird, an dieser Stelle einige Tipps, die Ihnen und auch Ihrem Vierbeiner viel Stress ersparen werden.

Als Hundehalter gehören tägliche Spaziergänge mit dem Vierbeiner zum Alltag. Oft brechen Hundehalter und Hund aus unterschiedlichen Motiven zum Ausflug auf. Während Sie Ihren Liebling auslasten und dessen Blase und Darm entlasten wollen, träumt Ihr vierbeiniger Freund wahrscheinlich eher davon, dass Sie mit ihm auf »gemeinsame Jagd« gehen, auch wenn er vielleicht denkt, dass Sie ein ziemlich schlechter Jäger sind. Dennoch freut er sich, wenn Sie die Leine im Flur bereits in die Hand genommen haben und es endlich gleich losgehen wird..

Den Hund in ruhige Bahnen lenken

Wenn die Leine in die Hand genommen wird, ist das für viele Hundehalter schon die erste kleine Kampfzone. Der Hund kann sich vor Freude kaum beherrschen. Er springt unruhig an Ihnen hoch, bellt und fordert Sie auf, schneller zu werden. Stress baut sich auf und nicht selten ist zu sehen, dass der Hund startklar aus der Wohnung rennt, Sie im Schlepptau, verbunden über die Leine, während Sie noch dabei sind, die Jacke richtig zu verschließen und zu überprüfen, ob Sie auch die Kotbeutel eingepackt haben.

In den ersten Minuten zieht der Hund mittel bis stark an der Leine, meist nur ein Hauch unterhalb Ihrer Schmerzgrenze. Aber ein gewisses Verständnis für seine Ungeduld haben Sie auch. Vielleicht drückt Sie ein schlechtes Gewissen, weil Ihr Vierbeiner davor allein war und sich nicht entleeren konnte. Danach geht es oft etwas leichter, und die Zugkraft lässt nach, zumindest bis zur nächsten Ablenkung. Dann gibt Ihr Liebling auch gern mal wieder Gas. Und natürlich bekommen Sie zwischendurch gut gemeinte Ratschläge von Hunde- und Nichthundehaltern, wie man in solch einer Situation mit seinem Hund umgehen sollte. Am liebsten möchte man im Boden versinken, wenn der Hund sich gerade ganz anders als erwünscht verhält und etwa Frau Müller von nebenan gerade zuschaut.

Überlegen Sie immer, ob Hilfsmittel Ihren Hund zu stark motivieren oder ihn eher herunterfahren lassen.

Na ja, vielleicht haben wir jetzt ein wenig übertrieben, aber wir wissen, dass es vielen Hundehaltern so geht. Und das ist etwas, was Sie ändern dürfen – schließlich gehen Sie mehrfach am Tag mit Ihrem Hund spazieren. Sie und Ihr Hund sollen Spaß und Entspannung dabei erleben!

Erleichterung von Beginn an

Planen Sie Ihren Spaziergang neu und starten Sie bereits an dem Punkt, an dem Sie entscheiden, dass Sie den Hund nun zur Gassirunde einladen. Was halten Sie davon, wenn Sie sich zuerst in Ruhe anziehen, und zwar ohne, dass Ihr treuer Begleiter schon umherspringt. Er darf dazukommen, aber bringen Sie ihn in eines Ihrer Fixierungssignale, wie »Sitz«, »Platz« oder »Steh«.

Durch das Tragen der Tüte geben Sie Ihrem Hund einen zweiten Fokus. Viele Hunde laufen so ruhiger.

Ihr Hund kann sich zwischendurch mit einem Hobby, wie hier mit dem Rollen des Balls, selbst beschäftigen.

Ziehen Sie sich weiter in Ruhe an. Macht Ihr Hund einen Frühstart, verlangen Sie, dass er sich wieder hinsetzt. Lassen Sie bei einer Korrektur das Leckerchen weg, sonst lernt er, dass es sich lohnt, immer wieder aufzustehen. Belohnen Sie besser das Sitzenbleiben. Das heißt, nachdem sich Ihr Vierbeiner zum ersten Mal hingesetzt hat, wird er für sein korrektes Verhalten mit freundlicher Stimme, Streicheln oder mit einem Leckerchen mehrfach gelobt.

Auf diese Weise lernt er, dass ruhiges Sitzenbleiben ein lohnendes Verhalten ist. Hat er das verstanden, wird er in Zukunft auch das Anspringen lassen – schließlich gibt es dafür keine Belohnung.

Geben Sie Ihrem Hund eine Aufgabe

Dass sich Stimmungen übertragen, wissen Sie ja bereits (→ Seite, 104). Dies ist auch für die Planung eines Spaziergangs mit Ihrem Hund zu beachten. Übertragen Sie Ihre gelassene Stimmung auf den Vierbeiner und nehmen Sie nicht dessen Nervosität an. Greifen Sie sich in aller Ruhe Geschirr/Halsband und Leine und bereiten Sie Ihren Hund auf den Spaziergang vor. Im besten Fall lassen Sie Ihren Hund nun arbeiten. Auf das Signal »Anziehen« können Sie ihm beibringen, dass er sein Geschirr selbst holt und es sich mit Ihrer Hilfe eigenständig anzieht. Anschließend muss er sich noch einmal hinsetzen, damit Sie einen letzten

Check durchführen können, ob Sie alles dabeihaben, wie Trainingsequipment, Spielzeug, Leckerchen und Kotbeutel. Nehmen Sie sich die Zeit für diese Überprüfung und atmen Sie dabei tief durch. Öffnen Sie erst die Haustür, wenn alles in Ordnung ist. Fordern Sie jetzt Ihren Hund auf, Ihnen auf den Spaziergang zu folgen. So können Sie ganz entspannt aus dem Haus gehen und sind kein Anhängsel Ihres vorpreschenden Vierbeiners. Auch der Hund hat Klarheit: Eine Win-win-Situation für Sie beide!

Draußen zeigen sich Hunde oft von einer ganz anderen Seite

Beschäftigen Sie sich auf dem Spaziergang mit Ihrem Hund. Keine Sorge, Sie müssen ihn nicht »dauerbespaßen«, aber bringen Sie sich mit ein. Das ist deshalb wichtig, weil Hundehalter draußen oft die Verbindung zu ihrem Hund verlieren.

Draußen fokussieren sich die Vierbeiner auf all die spannenden Reize, die bei jedem Spaziergang auf sie einströmen: neue, aufregende Gerüche, Geräusche, Menschen und Artgenossen. Sie sorgen für Ablenkungen, denen wir standhalten müssen. Und egal, wie er sich benimmt, Ihr Hund weiß genau, dass Sie ihn nach jedem Spaziergang wieder mit nach Hause nehmen. Viele Hunde wissen auch, dass ein Abruf draußen, im Vergleich zu drinnen, keine Bedeutung hat. Rufen Sie ihn drinnen, hört er aufs Wort. Sie haben dort wenig alternative Reize und ein super laufendes Glücksrad. Draußen sieht das anders aus. Sie rufen Ihren Hund, er spielt aber lieber mit seinen Kumpeln weiter und lässt Sie stehen. Oft

> ## Tipp
> *Der Hund lernt, sich anzuziehen*
>
> Halten Sie das Geschirr in einer Hand zwischen sich und ihren Hund so, dass er seinen Kopf hindurchstecken kann (→ Foto, Seite 82). Animieren Sie ihn dazu mit der anderen Hand und einem Leckerchen. Belohnen Sie diesen Schritt und beenden Sie die Übung für die ersten Male an dieser Stelle. Üben Sie Stück für Stück weiter, bis Ihr Hund den Kopf immer weiter durchsteckt und Sie das Geschirr über den Körper anziehen und verschließen können.

,runzelt man als Halter dann zwar die Stirn, und denkt dabei aber: »Ist ja klar, jetzt will er halt gern spielen.« Leider lernt der Hund aber vor allem, dass sich das Zurückkommen nur innerhalb geschlossener Räume lohnt, nicht aber, wenn er draußen gerade etwas Besseres vorhat. Da er kontextbezogen lernt, meint er das gar nicht böse. Er macht es, weil es geht. Durch kleine Übungseinheiten, mit denen Sie sich in den Spaziergang Ihres Hundes einbeziehen – auch, wenn Ablenkung wie Artgenossen, andere Menschen usw. lauern –, wird Ihr Hund Sie mehr fokussieren und wahrnehmen. Der positive Effekt dabei: Ihr Hund wird bemüht sein, Ihre Signale auch unter Ablenkung exakt auszuführen, und er wird motivierter sein, genau auf Sie zu achten.

Übung: Laufen an lockerer Leine

Bis Ihr Hund entspannt an der Leine läuft – und das auch unter Ablenkung –, können Monate vergehen. Für den Übergang gibt es jedoch einen einfachen Trick, den Sie anwenden können..

So sag ich's meinem Hund

Ein Leinenführigkeitstraining beginnt in kleinen und vor allem wenigen Schritten. Es ist ein dynamischer Prozess, der einige Wochen Zeit in Anspruch nimmt, bis der Hund weiß, dass er immer an lockerer Leine laufen soll. Der Alltag sieht aber anders aus. Pro Spazierrunde gehen Sie vielleicht eine Stunde spazieren. Haben Sie mit dem Leinenführigkeitstraining gerade gestartet, stehen aber nur ein paar Minuten auf dem Trainingsplan. Was ist in der restlichen langen Zeit? Höchstwahrscheinlich wird Ihr Hund dann wieder ziehen, weil Sie eben gerade kein Training umsetzen. Für Sie ist das logisch, für den Hund nicht. Er sieht nur die Erfolge, durch Ziehen schneller ans Ziel zu kommen. Aus diesem Grund helfen Sie ihm zu unterscheiden, wann er sich im Training befindet und wann im Freizeitmodus, indem Sie nicht so konsequent auf die Leinenführigkeit achten. Ein kleiner Trick, der sich auszahlt.

Das brauchen Sie:
Leine, 2 Geschirre oder 2 Halsbänder oder jeweils eins von beiden

Ziel der Übung:
Ihr Hund weiß den ganzen Spaziergang über, in welchem Modus er sich befindet: Arbeit oder Freizeit. Das entspannt ihn und Sie. Ihr Leinenführigkeitstraining bleibt davon unberührt.

Übung: Laufen an lockerer Leine

Übungsaufbau:
- Bevor Sie aus dem Haus gehen, legen Sie Ihrem Hund sein gewohntes Geschirr an. Er weiß, dass er damit bisher problemlos an der Leine ziehen konnte. Zusätzlich ziehen Sie ihm ein zweites Geschirr oder ein zusätzliches Halsband an oder packen dies für den Spaziergang mit ein. Letzteres sollte dem Hund unbekannt sein oder zumindest sollte er keine Zugerfahrungen damit gemacht haben. **1**
- Befestigen Sie jetzt die Leine am gewohnten Geschirr. **2**
- Draußen lassen Sie Ihren Hund die ersten Minuten normal laufen. Damit befindet er sich in seinem gewohnten Trott.
- Dann pausieren Sie und wechseln das Geschirr/Halsband aus. Sie ziehen ihm nun seine »Arbeitskleidung« an. Ab jetzt trainieren Sie das Laufen an lockerer Leine, so, wie Sie es bisher auch gemacht haben. Da gibt es zig Möglichkeiten, wie etwa stehen bleiben, wenn der Hund zieht, weitergehen, wenn er von sich aus die Leine entspannt, usw.
- Üben Sie konzentriert ein paar Minuten. Das reicht zu Beginn, gerade, wenn Sie einen »Vielzieher« haben. Nach dem Training tauschen Sie nun das Geschirr/Halsband »Arbeitskleidung« wieder gegen das Geschirr/Halsband »Freizeit« aus. Ihr Hund muss nun nicht mehr leinenführig laufen, und Sie können eine Pause von Ihrem konsequenten Training machen. **3**
- Ihr Hund lernt ganz schnell, dass Sie am Arbeitsgeschirr/Halsband immer konsequent sind. Ziehen lohnt nicht, denn Ihr Liebling kommt nicht voran. **4**

Die Zeiten des Laufens an lockerer Leine werden sich immer mehr ausweiten, was die Spaziergänge wesentlich angenehmer macht. Irgendwann benötigen Sie nur noch das Arbeitsgeschirr/Halsband, weil Ihr Hund dann Bescheid weiß.

Ein Reh –
ich bin dann mal weg

Viele Hundehalter sind in Wald und Flur mit einem Scannerblick unterwegs. Denn wer einen passionierten Jäger als Hund hat, kann seine Leidenschaft erkennen, wenn ein Wildtier in Sicht kommt.

Das Jagdverhalten von Hunden besteht aus mehreren einzelnen Elementen. Dazu gehören sowohl das Suchen der Beute, Anzeigen und Anschleichen, Hetzen und Packen als auch das Töten und Wegtragen usw. Jeder Hund zeigt diese Verhaltensweisen unterschiedlich stark. Es können auch Teile des Jagdverhaltens völlig wegfallen. Manche Vierbeiner haben – zum Glück für den Halter – gar keine jagdlichen Ambitionen. Einen stark an der Jagd interessierten Hund von seiner Passion abzubringen, ist allerdings keine leichte Aufgabe, aber es ist dennoch möglich.

Die Sache mit dem Jagen

Mehrere Faktoren tragen dazu bei, dass das Jagdverhalten von Hunden so schwer zu kontrollieren ist:
- Viele Hunde zeigen rassebedingt ein ausgeprägtes oder übersteigertes Jagdverhalten. Wird der Hund nicht jagdlich geführt, bekommt das der »normale« Hundehalter nur schwer in den Griff.
- Jagen ist eine affektive Reaktion. Ausschlaggebend sind kurze, impulsartige Gefühlsregungen ohne Beteiligung des Verstandes.
- Alles am Jagen ist für den Hund selbstbelohnend. Eine Tätigkeit aufzugeben, die sich so gut anfühlt, nur, weil der Mensch es möchte, fällt dem Hund sehr schwer.
- Lernerfolge sind beim Jagen besonders intensiv. Erfahrungen, die der Hund beim Jagen macht, werden dauerhaft und schnell gespeichert. Auch einmalige Erfolge reichen oft aus, um auf den Geschmack zu kommen.

Dies zeigt, dass man Jagdverhalten nicht einfach wegtrainieren kann. Doch Sie können es lenken. Inwieweit das für jeden einzelnen Hund und Halter überall und immer möglich ist, kommt auf verschiedene Faktoren an, wie Genetik, Erfahrungen, Zeit und Möglichkeit zu trainieren usw.

Life-Dog-Balance statt Jagdverhalten

Die Kunst ist, Ihren Hund zu überzeugen, dass er lieber mit Ihnen unterwegs ist als dem Wild zu folgen. Dies kann helfen:

- Sie und Ihr Hund sollten ein Team sein und eine gute Bindung haben. Dazu gehört auch, dass Sie sich bewusst in den Spaziergang mit Ihrem Hund einbringen (→ Seite 133).
- Aktivieren Sie Ihr Glücksrad und erstellen Sie erreichbare Ziele für den Fall der Fälle
- Bringen Sie Ihrem Hund bei, sich auch in angespannten Situationen zu entspannen.
- Impulskontrolle und auch Frust ertragen zu können, sind wichtige Punkte, die Ihrem Hund helfen, nach Sichtung eines Rehs wieder entspannt in den Spaziergang zu finden (→ Seite 96).
- Üben Sie regelmäßig Ihre Signale mit ihm.
- Schnüffelspiele – als Hobby – sind eine prima Möglichkeit, mit Ihrem Vierbeiner auf »gemeinsame Jagd« zu gehen.

Dieser Hund ist kein leidenschaftlicher Jäger. Er hat das Wild zwar wahrgenommen, läuft aber nicht hinterher.

LIFE-DOG-BALANCE ALLTAG WERDEN LASSEN

Die Schleppleine ist nur ein Übergangshilfsmittel und sollte kein Dauerzustand für den Hund werden.

Die Schleppleine wird durch eine zweite Leine verlängert, sodass sich der Radius für den Hund vergrößert.

Prüfen Sie, welche Punkte Sie und Ihr Hund gut beherrschen. Geben Sie sich Schulnoten, um dies besser einschätzen zu können. Überlegen Sie auch, welche Note auf Ihrem Zeugnis, Ihrem angestrebten Ziel, stehen sollte. Das Thema Jagdverhalten ist sehr komplex und leider nicht in einigen Sätzen zu beschreiben. Wir möchten Ihnen an dieser Stelle jedoch wenigstens eine Orientierung geben, wo Sie bei diesem Problem ansetzen können. Gegebenenfalls ist es auch sinnvoll, einen Hundetrainer hinzuzuziehen, der mit Ihnen vor Ort übt.

Welches Jagdverhalten zeigt Ihr Hund?

Welcher Jagdtyp ist Ihr Hund? Was konnten Sie bis jetzt beobachten? Auf Seite 136 haben wir Ihnen einzelne Elemente des Jagdverhaltens beschrieben. Sie müssen wissen, dass jeder Schritt des Jagdverhaltens selbstbelohnend für den Hund ist. Und Sie können sich sicher vorstellen, je mehr das »Glückshormon« Dopamin durch die Selbstbelohnung ausgeschüttet wird, desto schwieriger ist es, Ihren Schützling davon zu überzeugen, dass es neben Ihnen im »Fuß« schöner ist, als hinter dem Wild herzulaufen. Deshalb setzt modernes Jagdkontrolltraining bereits an, wenn der Hund die ersten Anzeichen von Jagdverhalten zeigt. Er soll ein Alternativverhalten kennenlernen und es umsetzen.

Die Schleppleine – ein treuer Begleiter

Lassen Sie einen Hund, bei dem die Gefahr groß ist, dass er wildert, nicht einfach ohne Leine laufen. Dennoch brauchen auch diese Hunde die Möglichkeit, sich körperlich auszulasten. Deshalb lassen Sie ihn – solange Sie Ihren Vierbeiner nicht sicher vom Wild abrufen können – an der Schleppleine laufen. Diese Leinen können Sie in verschiedenen Längen erwerben.

Ihr Hund sollte sich nicht darin verheddern können, und die Leine sollte ausschließlich an einem Geschirr befestigt werden. Handschuhe schützen Ihre Hände vor Verbrennungen, wenn Ihr Hund Gas gibt und in die Leine läuft.

Nehmen Sie die Leine aber nicht als gute Alternative für Ihr Jagdkontrolltraining, sondern lediglich als Trainingshilfe, auf die verzichtet werden kann, sobald Sie Ihren Hund sicher führen können.

Andernfalls lernen Hunde auch schnell, dass sie zwar an der Schleppleine wunderbar auf Sie hören, aber dies nicht auf den Freilauf übertragen können.

Der Hund ist weg

Meist muss die richtige Reaktion für den Fall, dass Ihr Hund weggelaufen ist,. individuell erarbeitet werden. Daher an dieser Stelle nur ein paar Allrounder-Tipps:

- Geben Sie bestehende Signale, wie »Hier« nur, wenn Sie sicher sind, dass Ihr Hund darauf reagiert. Ansonsten schweigen Sie lieber, denn wenn der Hund nicht kommt, ruinieren Sie auf Dauer Ihr Signal.
- Warten Sie an Ort und Stelle. Viele Hunde, etwa Sichtjäger, brechen die Jagd ab, sobald der Bewegungsreiz, also das fliehende Wild, nicht mehr da ist. Dann kommen die meisten Vierbeiner zurück. Wieder andere laufen direkt nach Hause.
- Kommt Ihr Hund zu Ihnen zurück, freuen Sie sich – auch, wenn es schwerfällt.

Das richtige Timing ist alles. Kennen Sie den Zeitpunkt, ab wann Ihr Hund nicht mehr auf Sie reagiert und nur noch den Außenfokus aktiviert hat?

LIFE-DOG-BALANCE ALLTAG WERDEN LASSEN

Übung: Richtig markern

Erkennen Sie, dass Ihr Hund etwas »in der Nase« hat, wird es höchste Zeit, sich ins Spiel zu bringen. Je eher, desto besser. Üben Sie richtiges Timing, um Ihrem Hund auf Dauer einen Plan geben zu können.

Markern Sie den richtigen Moment

Sie brauchen einen Reiz, bei dem Ihr Hund Jagdverhalten zeigt. Der Reiz sollte allerdings den Vierbeiner nicht zu sehr ablenken. Wählen Sie beispielsweise ein Hasenfellimitat, das von einer Hilfsperson an einer Schnur gezogen wird. Nutzen Sie für ein exaktes Timing einen Clicker oder Ihr Markerwort. Achtung: Beides muss dem Hund zuvor antrainiert worden sein.

Ziel der Übung:

Sie lernen zu erkennen, wann Ihr Hund etwa ein Wildtier wahrgenommen hat, und bringen ihm bei, an Ort und Stelle zu verharren. So gewinnen Sie Zeit, ihn umzulenken. Sein Dopaminspiegel ist zu diesem Zeitpunkt noch relativ niedrig.

Übungsaufbau:

- Positionieren Sie den Reiz, im Fotobeispiel ist es ein Brötchen, in einem größeren Abstand zu Ihrem Hund, der sich an der lockeren Leine bei Ihnen befindet. Im Fotobeispiel ist der Hund nicht angeleint, weil er gut auf sein Frauchen hört. **1**
- Gehen Sie dann in einem großen Abstand auf den Reiz zu. **2**
- Ziel ist es, dass Ihr Hund es schafft, an lockerer Leine stehen zu bleiben, wenn er das Fellimitat/Brötchen wahrnimmt. **3** Gehen Sie langsam auf den Reiz zu und beobachten Sie Ihren Hund dabei. Prima, wenn Sie genau den Punkt erkennen, wann Ihr Hund den Reiz wahrnimmt. Sieht oder riecht der Hund den Reiz und zeigt ein kurzes Verharren, markern Sie sofort mit einem Clicker oder Ihrem Markerwort. Das ist Ihr Moment. Danach gibt es Leckerchen als Belohnung.
- Gehen Sie ein paar Schritte zurück. Wiederholen Sie den Übungsschritt mehrmals. Markern Sie immer wieder das Wahrnehmen und Stehenbleiben an der lockeren Leine.
- Klappt das zuversichtlich, wird Ihr Vierbeiner lernen, dass das Verharren eine lohnende Handlung ist. Sobald er das verstanden hat, können Sie den Zeitpunkt etwas herausziehen. Ihr Hund lernt, dass es sich auch lohnt, mehrere Sekunden zu verharren. Freuen Sie sich über die längere Ansprechbarkeit Ihres Hundes.
- Bauen Sie nun eine Handlungskette auf. Sie gehen auf den Reiz zu, Ihr Hund verweilt und schaut. Sie markern nach einer Verzögerungszeit. Ihr Hund wird sich zu Ihnen drehen und seine Belohnung erwarten. Mithilfe der Belohnung können Sie dann gemeinsam mit Ihrem Hund vom ablenkenden Reiz weggehen. **4**

Nach dem Markern darf der Hund nicht als Belohnung zum Fellimitat/Brötchen. Das würde er sonst draußen im Realeinsatz auch erwarten. Er sollte sich nach dem Markersignal auf Sie konzentrieren. Das unterstützt Ihren Hund, um zu wissen, was von ihm verlangt wird. Er lernt, dass sich das neue Verhalten lohnt und er es zudem auch noch mit Ihnen zusammen durchleben darf. Das Jagdkontrolltraining braucht Zeit – in der Regel mehrere Wochen. Dies soll Sie aber keinesfalls demotivieren. Wie gesagt, es ist nicht leicht, einen Hund vom Jagen abzubringen. Leider neigen viele Hundehalter dazu, aufzugeben, wenn sich der Trainingserfolg nicht so schnell einstellt, wie sie es sich erhofft hatten. Oft ist aber nicht das schlechte Training schuld daran, sondern lediglich die Zeitplanung.

Aggressives Verhalten gegenüber anderen Hunden

Viele Hundehalter sind gestresst, wenn ihr Hund zu Aggressionen gegenüber Artgenossen neigt. Die Freude am gemeinsamen Spaziergang sinkt und wird in manchen Fällen gar zur Qual.

Aggressives Verhalten ist eine besonders abgestufte und differenzierte Form der Kommunikation. Sie reicht von ersten Drohsignalen über Schaukämpfe bis hin zum ernsthaften Kampf. Diese Abstufungen sind sinnvoll, um zu verhindern, dass ein Konflikt eskaliert. Ein gesunder Hund schießt also nicht gleich mit Kanonen auf Spatzen. Aggression ist biologisch sinnvoll. Sie dient der Verteidigung im Allgemeinen und der Selbstverteidigung gegen Feinde, insbesondere gegen Verursacher von Schmerz und Schreck. Es ist also sogar gut, dass Ihr Hund Aggressionsverhalten zeigen kann.

Aggression ist zunächst etwas Natürliches

Verhaltensbiologisch betrachtet, ist Aggression ein unverzichtbares Regulativ. Sie ist eine normale, genetisch bedingte und fest verankerte Verhaltenskomponente. Gleichzeitig stellt Aggressionsverhalten eine hochentwickelte Kommunikationsform dar, deren Verlauf jeweils von den Beteiligten abhängt. Ihr Hund hat somit die Möglichkeit mitzuteilen, dass er im Stress ist oder es sich um eine Situation handelt, die verändert werden sollte. Oft will der Hund mit diesem Verhalten eine Distanzvergrößerung erreichen.

Ruhe bewahren

Überlegen Sie, warum Ihr Vierbeiner das Bedürfnis hat, an der Leine zu pöbeln, und auf den anderen Hund zustürmen will. Viele Hunde möchten gern zum Artgenossen hinlaufen, sind aber durch die Leine und den entgegenziehenden Halter gehandicapt. Folglich sind sie frustriert. Und es gibt Hunde, die den Kontakt nicht wünschen, weil sie Angst vor dem anderen Hund haben oder Ähnliches. Allerdings haben diese Hunde vielleicht gelernt, dass Angriff die beste Verteidigung ist, und sie nutzen diese aus ihrer Sicht beste Alternative. Übrigens zeigen viele Hunde dieses Aggressionsverhalten nur an der Leine. Im Freilauf wäre die Hundebegegnung vielleicht gar kein Problem (→ Stress, Seite 10).
Je genauer Sie das Ausdrucksverhalten Ihres Hundes kennen, desto leichter lassen sich auch seine Stimmungen und Beweggründe einordnen. Sie erkennen Stressanzeichen frühzeitig. Vielleicht sind Sie sogar überrascht, wie weit Ihr Hund im Vorfeld bereits die weiße Fahne hisst. Legen Sie den Fokus auf ein fiktives Ziel, auf das Sie zulaufen. Richten Sie Ihre Körpersprache aus und schauen Sie nach vorne – niemals auf den anderen Hund (→ Seite 67). Ihr Vierbeiner wird sofort merken, ob Sie auch auf den »gemeinsamen Feind« fixiert sind oder sich nicht aus der Bahn werfen lassen und Ihres Weges gehen. Sehr viele Hunde orientieren sich schnell um, wenn man den Körper entsprechend ausrichtet und natürlich auch das Glücksrad aktiviert. Bleiben Sie ruhig. Konzentrieren Sie sich auf Ihre Atmung. Damit erreichen Sie schon viel.

Ihre Stimmung überträgt sich auf Ihren Hund – leider auch, wenn wir uns unsicher fühlen.

LIFE-DOG-BALANCE ALLTAG WERDEN LASSEN

Übung: Gefühle verändern

Eine Technik, die im Training genutzt wird, ist die Gegenkonditionierung. Das zum Beispiel ängstliche Gefühl, das ein anderer Hund bei Ihrem Vierbeiner auslöst, wird in ein gutes Gefühl umgewandelt.

So wird der »Erzfeind« zum »Freund«
Für diese Übung brauchen Sie besonders attraktive Häppchen, für die Ihr Hund alles und jeden stehen und liegen lässt – vielleicht viele Käsewürfel. Den auslösenden Reiz bildet ein anderer Hund an der Leine und dessen Halter. Sie sollten sich zum gemeinsamen Training verabreden. Eine Gegenkonditionierung bitte niemals spontan probieren! Sichern Sie Ihren Hund durch Leine und Geschirr.

Ziel der Übung:
Bei Sichtung des »Erzfeindes« freut sich Ihr Hund in Zukunft über dessen Anwesenheit, weil er weiß, dass es gleich etwas Superleckeres zu fressen gibt.

Übungsaufbau:
- Der fremde angeleinte Hund und sein Mensch sollten an einer mit Ihnen abgesprochenen Stelle warten. Im besten Fall sitzt oder liegt der »Erzfeind« neben seinem Herrchen oder Frauchen. Hund und Halter verweilen an Ort und Stelle. Sie hingegen planen ein, dass Sie jederzeit zurückgehen können, wenn Sie sich mit Ihrem Vierbeiner dem Duo nähern.
- Gehen Sie nun mit Ihrem angeleinten Hund auf die Gegenpartei zu – aber zunächst so, dass Ihr Hund den anderen noch nicht sieht. Klappt das, laufen Sie weiter. Dann kommt der Punkt, an dem Ihr Hund den anderen wahrnimmt. Das ist Ihr Moment: Bei Sichtung, aber noch kei-

Übung: Gefühle verändern

ner Erregungslage (wichtig!), füttern Sie nun Ihren Hund mit den Käsewürfeln, einem nach dem anderen. **1** und **2**

- Loben Sie ihn auch verbal überschwänglich. Gehen Sie ein paar Meter weiter oder ganz an dem anderen Hundeteam vorbei. Hauptsache, Sie haben genug Käsewürfel, um Ihren Hund an dem anderen vorbeizulocken. **3**
- Sobald der andere Hund aus der Sicht ist, bekommt Ihr Hund auch keine Käsewürfel mehr, und Sie gehen normal weiter. **4**

Das Timing ist entscheidend

Der Erfolg dieser Übung hängt von Ihrem Timing ab. Geben Sie Ihrem Hund den Käse zu früh, werden Sie keine Gefühlsänderung zum anderen Vierbeiner erreichen, da die Verknüpfungszeit mit 0,5 Sekunden sehr gering ist. Das bedeutet unterm Strich, sollten Sie keine oder zu wenig Käsewürfel dabeihaben und Ihr Hund sieht diesen Hund wieder, erwartet er nichts Gutes und verändert auch nicht sein Gefühl ihm gegenüber. Geben Sie die Leckereien zu spät und Ihr Hund hat den anderen Hund bereits gesehen und ist schon entsprechend erregt, fördern Sie in Zukunft das unerwünschte Verhalten, und es verschlimmert sich.

Aus diesem Grund ist die Gegenkonditionierung zwar ein geniales Instrument, aber durchaus fehleranfällig.

Es kann in diesem Fall ratsam sein, einen Hundetrainer zu engagieren, der Sie punktgenau beim Training unterstützt. Das ist übrigens bei jedem aggressiven Verhalten des Hundes sinnvoll, weil diese Thematik sehr komplex ist. Stressen Sie sich also nicht, indem Sie auf Anhieb alles richtig machen wollen, sondern holen Sie sich Hilfe. Die Investition lohnt sich. Hundebegegnungen an der Leine sind an der Tagesordnung. Genießen Sie die stressfreien Spaziergänge zusammen mit Ihrem Vierbeiner.

Mit dem Hund zusammen auf Reisen gehen

Mit dem Hund um die Welt – warum eigentlich nicht? Reiseveranstalter heißen auch Vierbeiner heutzutage willkommen. Auf geht´s in die Reisevorbereitung – natürlich echt entspannt.

Der langersehnte Urlaub bedeutet für uns Erholen und Abschalten. Aber wie geht es unserem Vierbeiner dabei? Gleich vorweg: Jeder Hund ist anders. Generell aber gilt, dass Hunde Gewohnheitstiere sind. Sie lieben ihre Rituale und natürlich auch bekannte Gerüche, vertraute Menschen und ihre gewohnte Umgebung. Somit ist jede Veränderung ein Eingriff in ihren gewohnten Tagesablauf. Von dem Begriff »Urlaub« haben Vierbeiner allerdings keine Vorstellung. Jedoch sind unsere vierbeinigen Freunde gern überall dort, wo wir auch sind. Und das alleine zählt.

So macht Urlaub Spaß

Geborgenheitsreize, wie die Decke Ihres Vierbeiners, Schnüffeltücher oder Lieblingsspielzeug, erleichtern dem Hund die Eingewöhnung in der fremden Umgebung. Zeigen Sie Ihrem Vierbeiner den Koffer. Packen Sie »gemeinsam« und mit guter Laune. Zu den Dingen, die auf jeden Fall mitgenommen werden sollten, gehören: Halsband und/oder Geschirr und (Schlepp-)Leine, Hundedecke oder Körbchen, genügend, bereits bekanntes Futter, Näpfe, Leckerchen, Kauartikel oder Spielzeug, Erste-Hilfe-Koffer für den Hund, Medikamente, Kühlhalsband oder Kühlmatte bei warmem Wetter, Regenmantel oder warmer Mantel bei empfindlichen Hunden und kaltem Wetter, Maulkorb, falls nötig oder Pflicht.

Andere Länder -, andere Sitten

Fahren Sie mit Ihrem Hund ins Ausland, erkundigen Sie sich zuvor frühzeitig beim Auswärtigen Amt. Wie sind die Einreisebestimmungen? Welche Impfungen sind nötig? Besteht eine Leinen- oder Maukorbpflicht? Sollte eine Maulkorbpflicht gelten, beginnen Sie schon zu Hause mit einem sanften Training.

Erst einmal die Lage peilen

Sind Sie am ersehnten Urlaubsort angekommen, lassen Sie Ihren Hund die nähere Umgebung erschnüffeln. Geben Sie ihm Zeit dafür und genießen Sie selbst den Augenblick. Ob Sie ihn dabei an der Leine führen oder frei aufen lassen können, kommt auf Ihren vierbeinigen Freund an, die Umgebung und nicht zuletzt auch die ablenkenden Reize.

Die erste Nacht im Urlaubsdomizil

Ihr Hund wird Ihre Nähe suchen. Legen Sie seine Decke am besten direkt neben Ihr Bett. Keine Sorge, zu Hause nimmt er ganz automatisch wieder seinen gewohnten Platz ein. Es kann sein, dass Ihr Liebling Stressanzeichen wie hecheln, kratzen, Unruhe usw. zeigt. Streicheln Sie ihn, setzen Sie sich zu ihm auf seine Decke und kuscheln Sie mit ihm. Das wird ihm guttun. Gehen Sie, sollte Ihr Hund es gewöhnt sein, abends eine oder mehrere kleine Gassirunden mit ihm. Dann kann er schlafen.

Nicht jeder Hund arrangiert sich sofort mit neuen Gegebenheiten. Unterstützen Sie Ihren Vierbeiner.

LIFE-DOG-BALANCE ALLTAG WERDEN LASSEN

Übung: Sicherheit für Ihren Hund

Durch ein trainiertes Signal kann Ihr Hund sich zwischen Ihre Beine retten, oder Sie, ihn auch dort positionieren, falls um Sie herum einmal zu viel Trubel herrscht. Es ist ein »Allrounder-Signal«.

In die gewünschte Position locken

Motivieren Sie Ihren Vierbeiner zum Beispiel mit einem Leckerchen oder Spielzeug. Möchten Sie lieber mit einem Marker oder Clicker arbeiten, können Sie das Training auch damit aufbauen. Belohnen Sie nach jedem Click mit einem Leckerchen.

Ziel der Übung:

Auf das Signal »Mitte« hin, lernt Ihr Hund, zu Ihnen zu laufen und sich von hinten zwischen Ihre Beine zu setzen. Dort verweilt er, bis Sie ihm ein weiteres Signal, etwa ein Auflösesignal, geben.

Übungsaufbau:

- Üben Sie zunächst in einem Raum. Stellen Sie sich in etwa zwei Meter Entfernung vor Ihren Hund. Drehen Sie ihm den Rücken zu. Die Beine so weit auseinanderstellen, dass Ihr Hund Platz hat, sich entspannt dazwischenzusetzen. **1**
- Nehmen Sie ein Leckerchen in die Hand und beugen Sie Ihren Körper so weit nach vorne, dass Sie Ihren Hund durch ihre Beine sehen können. Locken Sie ihn zu sich. Aufgrund Ihrer für den Hund merkwürdigen Körperausrichtung und Ihren Lockversuchen wird Ihr Hund sicher schnell zu Ihnen laufen. **2**
- Ziehen Sie, während Ihr Hund zu Ihnen kommt, den Oberkörper schon wieder leicht nach oben, damit Sie ihn nicht ausbremsen. **3**
- Durch das Hochziehen Ihres Oberkörpers wird sich Ihr Vierbeiner automatisch hinsetzen und passend zwischen Ihren Beinen positionieren. Das ist genau der Moment, in dem Sie ihm nun das Leckerchen geben. **4**
- Wiederholen Sie diesen Trainingsschritt einige Male, bis der Ablauf für den Hund verständlich ist und Sie beide routiniert sind. Erst dann führen Sie das Signal ein.
- Das Signal wird, wie bei allen anderen Übungen auch, vor den Handlungsauslöser gesetzt. Geben Sie Ihr Signal »Mitte«, bevor Sie Ihren Oberkörper nach vorne beugen. Wiederholen Sie auch das einige Male, sodass der Hund verstehen kann, Ihr Signal »Mitte« ist die Aufforderung dafür, sich zwischen Ihre Beine zu setzen.
- Verzichten Sie nach und nach auf Leckerchen und das Beugen des Oberkörpers. Klappt alles prima, üben Sie auch aus verschiedenen Anlaufwinkeln, sodass der Hund jedes Mal und aus allen Positionen heraus weiß, dass »Mitte« immer bedeutet, bei Ihnen »einzuparken«.
- Anschließend erhöhen Sie den Schwierigkeitsgrad, indem Sie die Ablenkung und die Entfernung steigern. Fordern Sie diese Übung auch während des Spaziergangs immer mal wieder einfach ab. So wird der Hund routiniert. Weiß er, dass dies eine entspannte Position ist, und hat er sie verinnerlicht, wird er diese vielleicht auch von sich aus aufsuchen, wenn er in Stress gerät. Das wäre optimal, denn dadurch hat er eine Bewältigungsstrategie erlernt, die seinen Stresspegel auf jeden Fall schnell sinken lässt.

Diese Übung eignet sich hervorragend, um Ihrem Vierbeiner Sicherheit zu vermitteln, aber auch, wenn Sie ihn gut positionieren wollen, wie zum Beispiel beim Agility – passend vor einem Gerät. Somit kann der Hund beim Agility den bestmöglichen Anlaufwinkel zum Gerät nehmen.

Der Hund im Straßencafé oder Restaurant

Schon längst warten viele Hunde nicht mehr zu Hause auf Frauchen und Herrchen, wenn diese tagsüber oder abends mit Freunden kulinarische Gaumenfreuden genießen. Sie sind mit dabei ...

Gewöhnen Sie Ihren Hund zunächst an das öffentliche Leben allgemein, bevor Sie mit ihm eine Gaststätte oder ein Café besuchen. Unternehmen Sie anfangs etwa zweimal pro Woche etwas mit ihm, wo er unter Leute kommt. Planen Sie zu Beginn lediglich kleine Besorgungen, die in Begleitung des Hundes nicht mehr als etwa eine halbe Stunde dauern, ein. Das reicht für ein »Landei« erst einmal aus. Zeitgleich gewöhnt sich der Vierbeiner an das Autofahren oder Fahren mit öffentlichen Verkehrsmitteln. Er lernt dabei, dass es sich um ungefährliche Alltagssituationen handelt.

Der Hund im Straßencafé oder Restaurant

Der erste Besuch

Es ist so weit, Ihr Hund darf Sie ins Café oder Restaurant begleiten. Planen Sie zunächst einen kurzen, 15-minütigen Besuch. Viele Hundehalter sind in solchen Momenten aufgeregt und malen sich aus, was alles schiefgehen könnte. Denken Sie positiv. Setzen Sie das Glücksrad um, und los geht's! Damit es ein wenig entspannter wird, helfen folgende Tipps:

- Rufen Sie zuvor im Lokal an, ob Hunde erwünscht sind.
- Reservieren Sie einen Tisch, der nicht mittendrin steht, sondern am Rand. So muss der Hund den Trubel um ihn herum nicht verarbeiten, und Sie können seine Decke ausbreiten (→ Übung, Seite 124).
- Einkäufe auf dem Weg ins Restaurant verschieben Sie bitte. Einkaufstüten blockieren Sie im Handling, denn Sie hätten eine Hand weniger frei, und Ihre Kommunikation wäre eingeschränkt.
- Suchen Sie sich eine Zeit aus, in der möglichst wenig Menschen im Lokal sitzen. Das ist anfangs leichter für den Hund zu verarbeiten.
- Lasten Sie Ihren Hund zuvor sowohl körperlich als auch geistig aus. Er sollte sich zuvor auch entleert haben.

Im Restaurant legen Sie die Decke aus und schicken Ihren Hund freundlich dorthin. Ihr Hund sollte angeleint bleiben. Setzen Sie sich auf einen Stuhl und achten Sie darauf, dass die Leine locker ist. Eine gespannte Leine signalisiert Ihrem Hund Stress. Ihre Aufregung würde sich auf den Hund übertragen (→ Seite 104). Setzen Sie sich auf die Leine und machen Sie sie nicht am Stuhl. oder Tischbein fest.

Nehmen Sie die Stimmung Ihres Hundes wahr, aber schauen Sie ihn nicht die ganze Zeit an, sonst denkt er, Sie erwarten etwas von ihm. Im besten Fall liegt er entspannt auf seiner Decke und schläft.

Sie können Ihrem Vierbeiner auch einen Kauknochen zur Beschäftigung mitnehmen, den er ausschließlich im Restaurant knabbern darf. Achten Sie darauf, dass sich andere Gäste nicht von Ihrem Hund durch das Knabbern am Kauknochen gestört fühlen – beispielsweise wenn Ihr Vierbeiner laut schmatzt oder sabbert.

Entspannte Hunde sind im Restaurant oder Café gern gesehen und oft willkommen.

LIFE-DOG-BALANCE ALLTAG WERDEN LASSEN

Übung: Mit »Fuß« überall hin

Nicht nur auf dem Weg ins Café oder Restaurant ist das Signal »Fuß« ausgesprochen hilfreich, sondern in vielen Alltagssituationen. Vor allem auch im Trubel bewährt sich diese Übung.

Das Signal »Fuß« überprüfen

Viele Hundehalter glauben, Ihr Hund beherrsche das Signal »Fuß«. Schaut man genauer hin, wird der Vierbeiner aber einfach nur an kurzer Leine gehalten. Die Leine ist gespannt, und der Hund hält dagegen (Oppositionsreflex!). Überprüfen Sie Ihr »Fuß« dahingehend noch einmal, ob Ihr Hund das Signal wirklich verstanden hat.

Sie brauchen:

Geschirr und Leine, Leckerchen für die ersten Trainingsschritte.

Ziel der Übung:

Ihr Hund lernt, auf das Signal »Fuß« an Ihrer linken Schenkelseite zu laufen, so lange, bis Sie ihm das Auflösesignal mitteilen. Dabei hängt die Leine locker durch.

Übungsaufbau:

- Nehmen Sie zehn kleine, leicht zu schluckende Leckerchen in die Hand und locken Sie den Hund an Ihre linke Seite. Sie können natürlich auch die rechte Seite wählen. Beachten Sie aber, dass ein Hund nur ein Signal mit einer Handlung in Verbindung bringen kann. Das Signal »Fuß« kann also nicht gleichzeitig Ihre linke und rechte Seite meinen. Wählen Sie deshalb für die zweite Seite dann einfach ein anderes Signal. Üben können Sie beide Seiten nacheinander, jedoch mit unterschiedlichen Signalen. **1**

Übung: Mit »Fuß« überall hin

- Befindet sich der Hund an Ihrer Seite, gehen Sie nun gemeinsam los. Sie halten also die Leine zum Beispiel in Ihrer linken Hand, der Hund läuft ebenfalls an Ihrer linken Seite. **2**
- Halten Sie Ihre andere Hand mit den einzelnen Leckerchen, während Sie zwei bis drei Schritte laufen, vor die Nase des Hundes. Füttern Sie ihn während des Laufens. Die Leine hängt locker durch. Der Hund wird nicht über die Leine korrigiert oder zurückgeholt.
- Beenden Sie die Übung nach zwei bis drei Schritten und lösen Sie sie mit dem Auflösesignal für Ihren Vierbeiner auf.
- Wiederholen Sie diese kleinschrittige Übung mehrere Male. Mit der Zeit verlängern Sie die Schrittzahl, aber ohne festes Schema. Gehen Sie mal drei Schritte, mal fünf usw. Ansonsten lernt Ihr Hund einen Ablaufplan, und Sie kommen ab einem gewissen Punkt nicht mehr weiter.

- Kommen Sie nun langsam auf einige Meter Laufstrecke. Ihr Hund läuft inzwischen prima neben Ihnen her. Führen Sie jetzt das Signal »Fuß« unmittelbar vor dem Handlungsauslöser ein. **3**
- Vergessen Sie nicht, die Übung mit dem Auflösesignal zu beenden. **4**
- Steigern Sie im Laufe der Zeit sowohl die Laufstrecke als auch die Ablenkung.

»Fuß« ist eine schöne Übung, die sich aber von dem Laufen an lockerer Leine unterscheidet. Letzteres kommt besonders auf Ihren normalen Spaziergängen zum Einsatz. Hier soll sich der Hund lösen, schnuppern und sich im Radius der Leine bewegen. Das wäre aber in einer Gaststätte oder im Trubel unerwünscht. Folglich eignet sich das Signal »Fuß« vor allem für kurze Wege und dort, wo viel Betrieb herrscht. Positiv antrainiert, wird Ihr vierbeiniger Freund diese Übung gern ausführen.

Lebensumfeld: von Citydogs und Landeiern

Viele Vierbeiner leben auf dem Land, viele aber auch in der Stadt. Es geht nicht darum, wer das bessere Leben hat, sondern was man daraus macht. Beides hat Vor- und Nachteile für Sie und Ihren Hund.

Fangen wir mit den Citydogs an und stürzen uns ins Getümmel, so, wie es jeden Tag sehr viele (Groß-)Stadthunde und ihre Halter tun. Stadtleben hat seinen eigenen Charme. Man ist nie allein, alles ist schnell erreichbar, und viele bunte Lichter erhellen auch die trüben Wintertage. Cafés, Bars, Geschäfte, Büros, öffentliche Verkehrsmittel, alles ist da. Wie steckt Ihr Hund das weg? Denn bei allem Glanz werden auch Sie sich an manchen Tagen weniger Hektik wünschen. Und es wird auch stressige Zeiten für den Vierbeiner geben, der sich zurechtfinden muss. Unterstützen Sie ihn dabei.

Hunde in der Stadt

Das können Sie tun, damit sich Ihr vierbeiniger Freund im Stadtleben zurechtfindet und dabei sogar entspannt.

- Stark befahrene Straßen, Ampeln und Zebrastreifen gehören zum Stadtbild. Allein das ist schon eine Herausforderung für den Vierbeiner. Lassen Sie Ihren Hund hier nicht allein. Seien Sie Vorbild und managen Sie ihn souverän. Bringen Sie ihm bei, dass er an roten Ampeln sitzt oder – je nach Wetterlage – steht und solange verweilt, bis Sie ihm das Signal zum Weitergehen geben. Sein Gehirn muss so viele Gerüche, Lichter und Geräusche verarbeiten, dass er überfordert sein kann und nicht mehr weiß, was wichtig ist. Doch der Hund lernt schnell, dass egal, wie bunt es um ihn herum ist, er sich nur auf Ihr »Sitz« und »Okay« konzentrieren muss. Das entspannt. Auch für Sie bedeutet es weniger Stress, wenn Sie wissen, dass Ihr Vierbeiner Ihre Signale sicher umsetzt.
- Jede Stadt hat ihre eigenen Verordnungen und Regeln im Umgang mit Hunden. Beschäftigen Sie sich damit, um mehr über Leinenzwang, Brut- und Setzzeiten, Freilaufflächen usw. zu erfahren.
- Halten Sie Ihren Hund im Trubel der Fußgängerzone an der kurzen Leine. An einer langen Leine können sich Menschen schnell verheddern, und es besteht Verletzungsgefahr für Mensch und Hund. Achten Sie darauf, dass Ihr Hund stets an lockerer Leine läuft. So kann sich weder physisch noch psychisch Druck auf den Hund übertragen. Bringen Sie in Ihren Citywalk immer wieder Entschleunigungsphasen hinein, indem Sie ruhigere Parallelstraßen nutzen. Das entspannt Sie und Ihren Vierbeiner.
- Vielleicht sind Sie ein ausgesprochener Stadtmensch und lieben den Trubel. Prüfen Sie aber, ob Ihr Hund das auch so sieht. Manchmal ist er vielleicht lieber zu Hause als auf dem Weihnachtsmarkt, Konzert oder Stadtfest. Bedenken Sie außerdem, dass bei Großveranstaltungen vermehrt Scherben, Müll und Essensreste auf dem Boden liegen und das ein oder andere eine große Verlockung für Ihren Hund sein kann.

Ist Ihr Hund an Trubel gewöhnt, wird ihn auch die eine oder andere Grillparty eher erfreuen als stressen.

LIFE-DOG-BALANCE ALLTAG WERDEN LASSEN

Ist Ihr Hund es nicht gewöhnt, ohne Sie zu warten, nehmen Sie ihn, wenn möglich, mit.

Auch Vierbeiner, die auf dem Land leben, sollten ausgelastet werden. Wichtig für ein zufriedenes Hundeleben.

Scherben können Pfotenverletzungen verursachen. Für diesen Fall sollten Sie passendes Verbandmaterial parat halten. Trainieren Sie mit dem Hund, dass er nicht alles vom Boden frisst. Das sollte jedoch nicht mit einem einfachen »Nein« unterbunden werden. Je nach Müllmenge wären Sie dann erstens ganz schön beschäftigt, und zweitens lernt der Hund keine Alternative kennen. Geben Sie ihm eine Aufgabe, die den Fokus mehr auf Sie lenkt. Er könnte zum Beispiel für den Blickkontakt zu Ihnen gelobt werden.

- Sorgen Sie für genügend Auslastung des Vierbeiners zwischen dem »Stadtstress«.
- Leinen Sie den Hund nicht vor einem Geschäft an, wenn er es nicht gewöhnt ist. Ihre Abwesenheit würde unnötigen Stress für ihn bedeuten.
- Sie werden Ihren Hund jedoch nicht immer vor allen Stresssituationen in der Stadt schützen können. Bleiben Sie deshalb mit ihm im Trainingsmodus. Empfehlenswert ist ein Begegnungstraining in der Hundeschule. Hier lernen Sie und Ihr Hund wie man richtig reagiert, wenn Ihnen andere Hunde oder Menschen im Stadtgetümmel zu nahe kommen.

Hunde auf dem Land

Bei aller Idylle – auch »Landeier« haben es nicht immer leicht. Hier muss man als Hundehalter dafür sorgen, dass der Vierbeiner genügend verschiedene Umweltreize kennenlernt. Ansonsten kann nämlich bereits die Fahrt zum Tierarzt zur Tortur werden, wenn der Hund das Autofahren nicht gewöhnt ist. Auch, wenn Sie sich sicher sind, niemals in die Stadt zu ziehen, und der

Hund somit bestimmten Reizen, wie zu vielen Menschen, Hunde, Gerüche usw., nicht ausgesetzt sein wird, ist es sinnvoll, mit ihm zu trainieren. Einerseits wird er dann, sollte er doch mit solchen Ablenkungen konfrontiert werden, entspannt reagieren können, und andererseits unterstützt dies seine Vernetzungen im Gehirn. Je mehr Verknüpfungen der Hund hat, desto mehr Lebenserfahrung steht ihm abrufbar zur Verfügung. Daraus folgt mehr Klarheit und Routine und daraus wiederum mehr Entspannung. Während man also viele Stadthunde aufgrund zu vieler Reize entstressen muss, müssen wir bei Landhunden aufpassen, dass sie genügend Reize kennen, um nicht in überstarken Stress zu geraten, wenn sie mit neuen Reizen konfrontiert werden.

Trainingseinheiten fordern Ihren Hund und lasten ihn aus. Hinterfragen Sie auch den Alltag mit Ihrem Hund. Auch wenn zwischen Ihnen und Ihrem Hund alles rundläuft, ruhen Sie sich bitte nicht auf den Lorbeeren aus, sondern fragen Sie regelmäßig Signale, wie »Sitz«, »Platz«, »Rolle« usw. ab. Setzt Ihr Hund diese problemlos und gern um, ist erst einmal alles im Lot. Macht er es nicht, nutzen Sie den Moment für eine kleine Übungseinheit. Gern genau in diesem Augenblick, weil er eben gerade jetzt Ihren Signalen nicht folgt. Üben Sie gemeinsam und souverän, bis das Verhalten klappt. Das tut Ihrer Beziehung gut. Übrigens – selbst, wenn es schwerfällt – auch Landhunde sollten eine Leine und ein Geschirr/Halsband kennenlernen.

Als Hundehalter muss man in vielen Bundesländern einen Sachkundenachweis absolvieren, um zu zeigen, dass man sich mit dem Thema Hund beschäftigt.

Übung: Warten lohnt sich

In unserer schnelllebigen Zeit ist es umso wichtiger, dass auch Hunde lernen, geduldig auf etwas zu warten. Das gleicht den Hormonhaushalt aus und entstresst die Situation für Sie und Ihren Vierbeiner.

Die Sache mit der Geduld
Geduld ist häufig weder die Stärke des Menschen noch die des Vierbeiners. Dabei kann Geduld soviel Ruhe und Entspannung ins aufregende Geschehen bringen.

Sie brauchen:
Eine Handvoll Leckerchen.

Ziel der Übung:
Der Hund soll verinnerlichen: »Je länger ich warte, desto mehr bekomme ich.« Das klingt doch nach einem guten Plan. Mit dieser Übung lernt Ihr Vierbeiner sich in stressigen Situationen zu konzentrieren und kann auf diese Weise wunderbar entspannen. Und los geht's.

Übungsaufbau:
- Für die Übung sollte der Hund in Ihrer Nähe sein. Sie trainieren ohne Signalwort. Fangen Sie an, langsam und laut zu zählen. Nach jeder Zahl nehmen Sie ein Leckerchen und legen es in Ihre offene Hand. Also: »Eins« – Leckerchen auf die Hand legen – »Zwei« – Leckerchen zum ersten dazu legen usw. **1** und **2**
- Zählen Sie zuerst bis fünf. Das genügt für den ersten Durchlauf. Einige Hunde schauen noch entspannt, andere fiepen schon nervös. Finden Sie die Reizgrenze Ihres Hundes. Er sollte das Abzählen der Leckerchen aushalten können. **3**
- Nehmen Sie die Hand mit den Leckerchen hinter den Rücken.

Übung: Warten lohnt sich

- Beginnen Sie jetzt wieder mit dem Zählen: Sagen Sie »Eins« und danach holen Sie die Leckerchenhand nach vorne. Ihr Hund bekommt nun einen Happen. Verfahren Sie mit den anderen Zahlen entsprechend. 4
- Wiederholen Sie die Übung sowohl zuhause als auch auf dem Spaziergang. Klappen sollte sie überall.
- Weiten Sie das Zählen aus – bis 10 oder bis 100 wie Sie wollen. Ihr Hund sollte motiviert und konzentriert mitmachen. Wechseln Sie auch mal die Zahlen, so dass Sie einmal bis 40 zählen, danach wieder nur bis acht und anschließend bis 32. Somit kann Ihr Hund Ihre Übungslänge nicht voraussagen, bleibt konzentriert und lernt abzuwarten.

Eine Übung für jeden Hund

Das laute Zählen in der Übung wird zum Signal für Ihren Hund. Er lernt, dass es sich lohnt auf Sie zu achten und abzuwarten. Dadurch wird die Aufmerksamkeit des Hundes auf sehr ruhige Weise auf Sie gelenkt. Beim Zählen muss Sie der Vierbeiner die ganze Zeit anschauen. Er darf auch kurz wegschauen. Wichtig ist jedoch, dass er weiterhin aufmerksam bleibt.

Diese Übung ist eigentlich für jeden Hund geeignet – als Training oder auch einfach nur zum Spaß. Speziell die jungen Wilden, zwischen fünf und zehn Monate, haben einen großen Nutzen von dieser Übung. Gern zeigen sie ein komplettes Repertoire ihrer Verhaltensweisen, um Sie dazu zu bewegen, schneller zu zählen und endlich Leckerchen zu verteilen. Das kann Gebell, kratzen, anspringen, stupsen, fiepen usw. sein. Auch, wenn Sie das zu Beginn nervt, ist diese Übung besonders für solche Hunde hervorragend geeignet. Und nach nur ein paar Wiederholungen weiß Ihr Hund, wie er an sein Ziel kommt – nämlich durch Abwarten.

Und jetzt zurücklehnen und entspannen

Zum entspannten Miteinander von Hund und Halter gehört selbstverständlich auch eine große Portion Wellness. Die folgenden Techniken fördern ganz gezielt Entspannung und Wohlbefinden.

Balsam für Körper und Seele – Wellness auf sechs Beinen

Relaxen heißt das Zauberwort, das für Sie und Ihren Hund gleichermaßen gilt. Tun Sie es gemeinsam, sinkt der Stresspegel auf null, und es fördert die Bindung zueinander ungemein.

Entspannungstechniken sind ideal, um Sie und Ihren vierbeinigen Liebling gemeinsam von Anspannung zu befreien. Allerdings dürfen Sie keinen sofortigen Erfolg erwarten. Die ersehnte Entspannung stellt sich in der Regel nicht gleich bei der ersten Wellnessbehandlung ein. Wichtig ist, dass Sie die Techniken regelmäßig anwenden – am besten täglich. Machen Sie den gemeinsamen Müßiggang zu einer Art Ritual, das sich auszahlen wird. Genießen Sie Ihre »Quality time«. Geben Sie der regelmäßigen Dosis Entspannung einen ebenso festen Platz im Alltag wie Füttern und Gassigehen.

Völlig entspannt – mein Hund und ich

Entspannung scheint auf den ersten Blick eine einfache Übung zu sein, möchte man meinen. Schließlich existiert in allen Kulturkreisen ein archaisches Wissen darüber, wie man Ruhe und Erholung findet. Inzwischen haben jedoch immer mehr Menschen Schwierigkeiten damit, sich zu entspannen. Sie müssen erst (wieder) lernen, wie es geht, dieses »Entspannen«. So eigenartig es klingt, gehört diese vermeintlich einfache Übung zu den schwierigsten. Denn wer stets aktiv und leistungsbereit ist, hat verständlicherweise Mühe, exakt das Gegenteil davon zu tun.

Stress macht auch vor unseren Vierbeinern nicht halt. Ganz im Gegenteil: Immer mehr Hunde zeigen eindeutige Symptome von chronischer Überlastung. Sie können keine Ruhe mehr finden und einfach mal abschalten, sondern sind hektisch und nervös. Das zehrt nicht nur an den Nerven, sondern auch an der Gesundheit von Hundehalter und Hund. Probieren Sie die verschiedenen Techniken aus, um herauszufinden, welche Ihnen und Ihrem Hund guttun.

Massage – die Kraft unserer Hände

Viele Muskelverspannungen und energetische Blockaden lösen sich bei einer angenehmen Massage. Die Energie kommt dann wieder in Fluss. Dazu wird der unruhige Geist ausgeglichen und kehrt in eine ruhige Grundstimmung zurück – die reinste Wohltat. Ähnlich ergeht es Hunden, die nach körperlichen Aktivitäten, einem Hundetraining mit neuen Lernerfahrungen oder durch stresseinwirkende Umweltreize angespannt sind. Darüber hinaus stärkt und festigt eine Wellness-Massage die Bindung zwischen Ihnen und Ihrer Fellnase.

Vielleicht schrecken Sie jetzt etwas zurück, da Sie keine Erfahrungen in Massagetechniken haben und keine Fehler machen möchten. Doch keine Sorge. Es müssen keine tiefgreifenden, therapeutischen Massagen sein. Diese sollen besser Physiotherapeuten für Hunde vorbehalten bleiben. Um Ihrem vierbeinigen Freund und sich diese Wohl-

Langsame Berührungen tun Körper und Seele gut. Sie werden merken, wie Ihr Hund sich darauf einlässt.

UND JETZT ZURÜCKLEHNEN UND ENTSPANNEN

Ziehen Sie sich bequeme Kleidung an, wenn Sie Entspannungstechniken bei Ihrem Vierbeiner anwenden.

Strahlen Sie Ruhe und Gelassenheit aus, überträgt sich dies auch auf Ihren Hund.

fühlmomente zu schenken, können Sie ganz einfach vorgehen.

Die Vorbereitung: Wenden Sie Wellness-Massagen in einer ruhigen Stimmung an, denn Ihre Hände übertragen Ihr inneres Empfinden auf den Hund. Stellen Sie sich mental auf die Massage ein. Atmen Sie vorab dreimal tief ein und langsam wieder aus. So erzeugen Sie bei sich selbst Ruhe, und Ihr Hund bekommt von der ersten Berührung an ein gutes, wohliges Gefühl vermittelt. Bitte lassen Sie bei jeder Art von Massage immer den direkten Bereich auf der Wirbelsäule aus. Wenn Sie sich nicht sicher sind, ob Ihr Hund schmerzfrei ist, fragen Sie einen Tierarzt oder Physiotherapeuten.

Das Ausstreichen

Das Ausstreichen ist eine hervorragende Massagetechnik, die Sie im Alltag jederzeit und ohne viel Zeitaufwand anwenden können. Besonders nach einer stressauslösenden Situation oder geistig-körperlicher Aktivität nimmt es dem Hund die Anspannung. Man streicht gewissermaßen die Spannungen aus seinem Körper. Das Ausstreichen beginnt generell am Nacken und endet an der Rutenspitze beziehungsweise an den Pfoten. Es ist für jeden Hund geeignet, der sich gern anfassen lässt.

So geht's: Setzen Sie sich seitlich neben Ihren Hund und berühren Sie mit der einen

Handfläche dessen Brustbereich. Halten Sie die Hand während des Ausstreichens locker an dieser Stelle. Mit der anderen Handfläche streichen Sie, beginnend am Nacken, neben der Wirbelsäule entlang bis hin zum Rutenansatz. Mit der geschlossenen Hand streichen Sie die Rute sanft aus. Wiederholen Sie diesen Vorgang.

Dann setzen Sie Ihre Hand erneut seitlich am Nacken an und streichen Ihren Hund über die Seitenpartie bis zum Bauch in Richtung der Hinterläufe und Pfoten aus – natürlich nur so weit, wie er sich gern anfassen lässt. Die zu wahrenden Grenzen gibt Ihr Hund vor. Auch diesen Vorgang wiederholen Sie. Nun legen Sie die ausstreichende Hand an das Schulterblatt und bewegen beide Hände in Richtung Vorderlauf, sodass Sie das Bein bis hin zur Pfote ausstreichen. Danach schütteln Sie Ihre Hände aus und beginnen mit der anderen Seite.

Ohren verwöhnen

Hundeohren sind ein sehr sensibler Bereich. Denn am Ohr befinden sich zahlreiche Akupressur-Punkte, die in Verbindung mit inneren Organen stehen. Darum sollten Sie eine Ohrmassage Ihres vierbeinigen Lieblings stets sanft und mit wenig Druck ausführen. Über eine solche Massage freut sich jeder Hund.

So geht's: Legen Sie den Daumen an das Innenohr und massieren Sie mit den restlichen Fingerspitzen am äußeren Ohr in kreisenden, ruhigen und langsamen Bewegungen in Richtung Ohrspitze. Diese Massage sollte, wie bereits erwähnt, mit sehr zartem Druck ausgeführt werden, damit der Hund richtig entspannen kann. Zu viel Druck würde den Energiefluss hingegen aktivieren. Treffen Sie beim Massieren der Ohren einen Akupressur-Punkt, können Sie dies an einer Gewebestrukturveränderung wahrnehmen, oder Ihr Hund zeigt Ihnen dies eventuell über eine Reaktion an. Ist das der Fall, massieren Sie an dieser Stelle des Ohrs mit weniger Druck weiter.

Aroma-Massage

Neben einer individuellen Ernährung sind tägliche Entspannungsmassagen mit einem beruhigenden Aroma-Öl die reinste Erleichterung für Hunde, die mit ihrer Umwelt überfordert sind. Denn das senkt die Ausschüttung von Stresshormonen, und der Hund kann sich besser regenerieren. Eine

> ## Tipp
>
> *Lebensrettende Notfallpunkte*
>
> An den Ohrspitzen des Vierbeiners befinden sich sogenannte Notfall- oder Schockpunkte. Sollte Ihr Hund bewusstlos sein, einen Kreislaufkollaps oder Schock erlitten haben, massieren Sie bis zum Eintreffen eines Tierarztes durchgehend die Ohrspitzen. Mit dieser Massage können Sie unter Umständen das Leben Ihres Hundes in einer akuten Situation retten. Sie unterstützen ihn dabei mit Berührungen, die er bereits als positiv abgespeichert hat.

UND JETZT ZURÜCKLEHNEN UND ENTSPANNEN

Eine Aroma-Massage tut gut. Prüfen Sie jedoch vorher, ob Ihr Hund das Öl mag und auch verträgt.

Der enge Kontakt zu Ihnen unterstützt Ihren Vierbeiner. Das gibt ihm Halt und vermittelt ihm Sicherheit.

solche Aroma-Massage sollten Sie idealerweise am Abend durchführen. So können sich in der Nacht Botenstoffe bilden, die Ihren Hund für den kommenden Tag stärken. Von einer Massage mit Aroma-Ölen profitieren besonders Hunde, die eine Tendenz zu starker Aktivität, Angst- oder unerwünschtem Aggressionsverhalten zeigen sowie unter starker Anspannung stehen. Ebenso sind Massagen mit Aroma-Ölen gut für Straßenhunde, Senioren mit Anzeichen von Demenz sowie für Hunde nach Operationen, Unfällen, Schock oder Trauma geeignet. Sie sehen, Aroma-Öle können richtige Allrounder sein. Dazu müssen Sie sich in das Thema einlesen und mit den verschiedenen Aroma-Ölen auseinandersetzen. Machen Sie sich mit den einzelnen Wirkweisen vertraut. Sie werden feststellen, wie viel Spaß das macht. Sollten Sie noch nicht ganz so fit in der Materie sein, lassen Sie sich von einem Coach für mentale Aromatherapie unterstützen. Tipp: Nutzen Sie Aroma-Öle mit einem hohen Anteil an natürlichen Essenzen, also reine, natürliche ätherische Öle. Auf diese Weise können Sie die bestmögliche Wirkung erzielen. Über einen Diffusor kann das Öl im Raum verteilt werden oder direkt auf dem Hund.

So geht's: Verwenden Sie eine Unterlage, die Sie ausschließlich nur für diese Massage nutzen. Sorgen Sie dafür, dass Sie während der Aroma-Massage nicht gestört werden und, dass keine Unruhe aufkommt. Bereiten Sie sich mental auf Ihre gemeinsame Wellnesszeit vor, und machen Sie sich von störenden oder belastenden Gedanken frei. Suchen Sie sich gemeinsam mit Ihrem Hund eine angenehme Position auf der Unterlage. Reiben Sie Ihre Hände mit einem

Tropfen Aroma-Öl ein und beginnen Sie damit, Ihren Hund zunächst ruhig auszustreichen. Hierbei sollte eine Hand konstant am Körper des Hundes liegen. Mit der anderen Hand berühren Sie in kreisenden langsamen Bewegungen und ohne Druck jene Körperstellen, die Ihr Hund ganz besonders mag.

Über die Dauer der Massage bestimmt Ihr Hund. Besonders Vierbeiner, die sehr aktiv oder schreckhaft sind, benötigen eine gewisse Gewöhnungszeit, um sich vertrauensvoll fallen lassen zu können. Nach der Massage legen Sie die Unterlage wieder weg. So bekommt sie einen Signalcharakter: Ihr Hund lernt, dass mit dieser Decke und zusammen mit Ihnen eine regenerierende Entspannungszeit für ihn angesagt ist.

Tellington Touch®

Diese Art von Massage wird inzwischen auch bei Hunden immer häufiger eingesetzt. Doch obwohl Tellington Touch® bereits seit Jahrzehnten erfolgreich bei Tieren und Menschen angewendet wird, kreisen immer wieder Fragezeichen bei dem einen oder anderen Hundehalter im Kopf herum.

Die Tellington Touch ®-Methode setzt sich aus vier verschiedenen Teilen zusammen. Sie sollen den Körper dabei unterstützen, in seine Balance zu finden. Da die Methode ganzheitlich ausgerichtet ist, empfehlen die Erfinder die Übungen nicht einzeln anzuwenden, sondern in einen Plan einzubinden. Bei Tellington Touch® handelt es sich um eine ganzheitliche Unterstützung für den

Geht es unserem Hund gut, geht es auch uns meistens gut. Das Fürsorgebedürfnis ist bei vielen Hundehaltern sehr groß. Gibt es etwas Schöneres, als solch einen treuen vierbeinigen Freund?

Das Thundershirt® hilft den Hund in stressigen Situationen zu beruhigen. Es vermittelt ihm Sicherheit.

Körperbandagen können vor allem ängstlichen und nervösen Hunden guttun. Sie verbessern das Körpergefühl.

Hund. Sie hilft ihm zu entspannen und ein angenehmes Körpergefühl zu bekommen. Dabei werden die Übungen für ein bestmögliches Ergebnis so ausgewählt, dass sie individuell zum Hund passen. Sollten Sie neugierig geworden sein, suchen Sie nach Praktikern, die Ihnen die Anwendung bei Ihrem Hund zeigen können. Wer weiß, vielleicht ist das auch eine Ausbildung für Sie.

Thundershirt®

Das Thundershirt® ist eine Art T-Shirt für den Hund, das ihn in stressigen und beängstigenden Situationen beruhigen soll. Es wird dem Vierbeiner mithilfe eines Klettverschlusses so angelegt, dass das Shirt einen leichten, angenehmen Druck auf den Brustkorb ausübt. Viele Hundehalter sind begeistert, denn sie berichten, dass ihre Vierbeiner in Stresssituationen wie etwa bei einem Gewitter oder der Silvesterknallerei ansprechbarer sind und besser schlafen.

Körperbandagen

Sie können vor allem ängstlichen und nervösen Hunden guttun. Körperbandagen fördern das Körperbewusstsein und die Konzentration. Bei akuten und chronischen Schmerzen unterstützt die Bandage die Körperwahrnehmung.

Wirkungsweise: Der sanfte elastische Druck der Bandage aktiviert die Rezeptoren in der Haut. Das wirkt sich beruhigend auf den Hund aus und gibt ihm eine Rückmeldung über seine Atmung und Körperhaltung. Der sanfte und doch klare Kontakt der Bandage verbessert das Körpergefühl der Hunde in der Bewegung und beim ruhigen Stehen.

Durch das verbesserte Körpergefühl bewegen sich die Hunde koordinierter und sind mehr in der Balance. Zudem wird die Konzentration durch das Körperband gesteigert. Diese Änderungen in Haltungs- oder Spannungsmustern und Bewegungsabläufen können zu einer starken Verbesserung des Selbstvertrauens, der Selbstkontrolle, des Gleichgewichts und der Koordination des Vierbeiners führen.

Elastische Bandagen

Hierbei werden zum Bandagieren elastische Bandagen verwendet. Ebenso erstaunlich wie effektiv ist die lange Wirksamkeit der Bandagen. Selbst wenn sie abgenommen werden, bleibt die Veränderung oft noch über einen längeren Zeitraum bestehen. Das heißt, dass auch Vierbeiner, die das Körperband nur einige Male getragen haben, lange davon profitieren, ohne dass es weiterhin verwendet wird.

Die Wirkungsdauer ist dabei sehr unterschiedlich. Wiederholungen sollten individuell dem Verlauf der Behandlung angepasst werden. Wir empfehlen Ihnen, das selbst an Ihrem Vierbeiner auszuprobieren. Lassen Sie sich das fachgerechte Bandagieren am besten von einem Tierarzt oder Physiotherapeuten zeigen.

Tipp

Außer Rand und Band

Sehr erregte Hunde sind oftmals außer sich. Was bedeutet, dass sie ihren eigenen Körper nicht mehr spüren. Der sanfte Kontakt durch die Bandage hilft hier dem Hund, seinen Körper auch in stressigen Situationen wieder wahrzunehmen. Dies hat einen direkten Einfluss auf die Stressverarbeitung: Der Hund kann sich besser spüren und selbst kontrollieren. Schon bei überdrehten Welpen kann eine Bandage helfen, ihnen Ruhe und Entspannung zu vermitteln.

Last, but not least

Es gibt noch viele weitere Möglichkeiten, Ihrem Hund Gutes zu tun. Genannt seien an dieser Stelle auch Tierphysiotherapeuten und Tierheilpraktiker. Beide Fachrichtungen bieten Behandlungen wie Homöopathie, Akupunktur, Akupressur, Phytotherapie (Pflanzenheilkunde) und vieles mehr an. Wir hoffen, dass Sie dieses Buch dazu inspiriert hat, Ihre Beziehung zu Ihrem Hund noch entspannter zu gestalten. Sie und Ihr vierbeiniger Freund haben es verdient, dass Sie sich wohlfühlen. Probieren Sie sich aus, und melden Sie sich gern bei uns, wenn Sie Fragen haben.

Alles Liebe, Ihre Kristina Ziemer-Falke und Ihr Jörg Ziemer.

Register

Die **halbfett** gesetzten Seitenzahlen verweisen auf Abbildungen.

A

Aggression an der Leine 41, 142, **142**
Aggressionsverhalten 31, 41, 142, **142**, 143
Aktive Pause 90, **90**
Aktiver Hund 25, 31
Aktivität 27
Akustische Kommunikation 74
Alleinbleiben 126, **126**, 127, **127**, **128**, **129**
Alltag gestalten 88, 113
Alternative Jagdleidenschaft, 26
Alternativsignal 41
Analoge Kommunikation 73
Angreifen 69
Angst 50
Ängstlicher Hund 29
Anpassungsfähigkeit 34
Anspannung **66**, **107**
Ansprache 82, 118
Anspringen **22**
Apportieren **32**
Arbeitszeit 14
Aroma-Massage 165,
Artgenossen beschnüffeln **42**
Auf der Decke bleiben 124, **124**, 125, **125**

B

Aufgaben 132, **132**
Aufmerksamkeit 62, **63**, **110/111**, **139**
Augen 75
Ausdrucksverhalten 73
Außenreize 58
Ausstreichen 164
Auszeit 90, **90**, **108**

B

Balance, innere 68
Bandagen, elastische 169
Bauchgefühl 11
Begrüßung **22**
Bellen 14, **75**
Belohnung 15
Belohnungsarten 16
Berührungen 74, **163**, **166**
Beschäftigung 119, 123
Besuch **86**
– im Café 45, 150, **151**
Betteln am Tisch **105**
Bewachen seines Zuhauses 25
Bewältigungsstrategie 41
Beziehung zueinander 49
Beziehungsprobleme 34
Bindung 48, **108**
– stärken 50
Blickaufnahme 78
Blickkontakt 15, 78

C

Cortisol 50

D

Digitale Kommunikation 73
Dirigismus 41
Dominanz 117
Dösen **23**
Druck rausnehmen 109

E

Eigenschaften 24
Emotionen 13
Entspannung **16**, **68**, **98/99**, **112**, **160/161**
– auf Signal 92, **92**, 93
Entspannungstechniken:
Aroma-Massage 165, **166**
Ausstreichen 164
Elastische Bandagen 169
Erstarren 69
Erziehung 106, **106**
Körperbandagen 168, **168**
Massage 163, **163**
Ohrmassage 165
Tellington Touch ® 167
Thundershirt ® 168, **168**

F

Ferien 146, **146**, 147, **147**
Fliehen 69
Frauen im Hundetraining 34, 35, **35**, **38**, **39**
Freigeben 80, **80**, **81**
Freizeit 14
Führungsqualität 41, 43
Führungsstil 41, 42, 43, 44
– zu anspruchsvoll 41

Führungsstil
- zu lasch 42
Füttern 33, **56**

G

Gefühle verändern 144, **144**, 145, **145**
Geruchssinn 75
Geschirr
- anlegen 82
-, Griff ans 84, **84**, 85
Geschmacksknospen 75
Geschmackssinn 75
Gewissen, schlechtes 11
Grenzen setzen 55
Grundlagen, genetische 23
Gustatorische Kommunikation 75

H

Herdenschutzhund 22
Hilfsmittel fürs Training 16
Hormone 37
Hund
-, Aggressiver 97
-, Aktiver 31, 96, **97**
-, Alter **101**
- am Arbeitsplatz 120, **120**, **121**
-, Ängstlicher 29, **95**, **96**
-, Entspannter **96**
-, Freilaufender 52/53, 54, 59
-, Mutiger 29
- ohne Impulskontrolle 96
-, Ruhiger 32, 95
-, Unsicherer **29**
Hundebegegnung 42, **55**
Hundetypen 20, **25**, 28, 94
Hundezucht 21
Hütehunde 21

I

Imponierverhalten 30
Innere Balance 68
Intelligenz 78

J

Jagdhunde 21, **21**
Jagdleidenschaft, alternative 26
Joggen **15**

K

Kauf 23
Klarheit 64, 79, **114**
Knabbern am Kauknochen 12
Komfortzone 112
- verlassen 113
Kommunikation 53, 72, 73
-, Akustische 74
-, Analoge 73
-, Digitale 73
-, Gustatorische 75
-, Olfaktorische 75
-, Optische 75
-, Unklarheit in der 118
Konzentration 62, **63**
Körperbandagen 168, **168**
Körperhaltung 67
Körperkontakt 48, 51
Körpersprache 66, 67, 118
Kuscheln 50, **51**

L

Landhunde 156, **156**
Laufen an lockerer Leine 134, **134**, 135, **135**
Lautsprache 74
Lenken 55, 131
Lerndisposition 102

Lernen 100, 102, **119**
Lernerfahrungen 101

M

Management 115
Männer im Hundetraining 34, **35**, **36**, 37, **39**
Markern 140, **140**
Massage 163, **163**
Menschentypen 28, **28**
Misserfolg beim Training 65
Missverständnisse 73
Mit dem Hund im Café 150, **150**, 151, **151**
Motivation 101, **131**
-, Extrinsische 101
-, Intrinsische 101
Motivationsfaktor 101
Mutiger Hund 29

N

Nachfragen 80, **80**, 81

O

Ohrmassage 165
Olfaktorische Kommunikation 75
Optische Kommunikation 75
Oxytocin 50, 51

P

Persönlichkeit des Hundes 20
Pfoten säubern **87**
Position, soziale 60
Probleme im Alltag 115
Probleme lösen 113
Propriozeption 58, **58**

Q
Quality time 10

R
Ratschläge, gut gemeinte 17
Regeln 56
Reisen 146, **146**, 147, **147**
Rituale 56
–, im Alltag 86, **89**, **95**
–. im Training 86, 87
Ruhephasen 32
Ruheplatz 56
Ruhiger Hund 32

S
Schlafen **12**, **32**
Schlechtes Gewissen 11
Schleppleine 138, **138**
Schnüffeln **75**, 78
Schwanzwedeln **116**, 117
Sehen 75
Sicherheit für den Hund 148, **148**, 149
Sicherheit vermitteln 41, 48
Signal »Fuß« 152, **152**, 153, **153**
Signale ausführen **113**, 114, **114**
Signale üben 83
Soziale Position 60, **60**
Sozialspiel 51
Spazieren gehen 130, **130**
Spielen **20**, **30**, 51, **68**, **94**, **100**
Stadthunde 154, **154**, 155, **155**
Stimmung
– des Hundes 13
– des Menschen 13

Stimmungsübertragung 104, **143**, 164
Strafen 104
Streicheln **11**, **15**
– durch eine fremde Person **49**
Stress 10
-anzeichen 68, 69
-hormon 50, 112
-pegel 12

T
Tagesablauf 13
Taktil 74
Tellington Touch® 167
Territorium 59
Thundershirt® 168, **168**
Training 114
Training vorbereiten 16
Trainingsausfall 17
Trainingszeiten 50
Trainingsziele 17
Tricks trainieren 88
Troubleshooting 115

U
Übersprungsverhalten 69
Übungen:
Aktive Pause für Sie beide 90, **90**, 91
Allein bleiben 128, **128**, 129
Auf der Decke bleiben 124, **124**, 125, **125**
Entspannung auf Signal 92, **92**, 93, **93**
Gefühle verändern 144, **144**, 145, **145**
Griff ans Geschirr 84, **84**, 85
Laufen an lockerer Leine 134, **134**, 135, **135**
Mit »Fuß« überall hin 152, **152**, 153, **153**
Nachfragen und freigeben 80, **80**, 81, **81**
Nimmt Ihr Hund Sie wahr? 76, **76**, 77, **77**
Richtig markern 140, **140**, 141
Sicherheit für Ihren Hund 148, **148**, 149
Umlernen 57
Umwelt 57
Unsicherer Hund **29**
Urlaub 146, **146**, 147, **147**

V
Verbote 55
Verhalten, aggressives 142, **142**, 143
Verknüpfung 104
Vertrauen aufbauen 64
Vokalisation 74

W
Wahrnehmung 58, 76, **76**
Warten 158, **158**, 159, **159**
Weglaufen 139
Wellness 163, **163**
Wohlfühlhormon 50

Z
Ziehen an der Leine **43**, **72**, 134, **134**, 135, **135**
Zughunde 21
Zusammenarbeit mit dem Menschen 23

Adressen und Bücher, die weiterhelfen

Adressen

Verband für das Deutsche Hundewesen e. V. (VDH)
Westfalendamm 174
44141 Dortmund
www.vdh.de

Österreichischer Kynologenverband (ÖKV)
Siegfried-Marcus-Straße 7
A-2362 Biedermannsdorf
www.oekv.at

Schweizerische Kynologische Gesellschaft (SKG)
Brunnmattstraße 24
CH-2007 Bern
www.skg.ch

Berufsverband der Hundeerzieher/innen und Verhaltensberater/innen e. V. (BHV)
Alt Langenhain 22
65719 Hofheim
www.bhv-net.de.

Forschungskreis Heimtiere in der Gesellschaft,
Postfach 11 07 28
28087 Bremen
www.mensch-heimtier.de

Bücher

Katharina Schlegl-Kofler: *Welpen-Erziehung. Der 8-Wochen-Trainingsplan für Welpen.* Gräfe und Unzer Verlag, München

Katharina Schlegl-Kofler: *Hundesprache: Damit wir uns richtig verstehen.* Gräfe und Unzer Verlag, München

Kristina Ziemer-Falke, Jörg Ziemer: *Welpen-Basics. Alles, was Hundehalter wissen müssen.* Gräfe und Unzer Verlag, München

Kristina Ziemer-Falke, Jörg Ziemer: *Hunde erziehen – der Problemlöser.* BLV Verlag, München

Kristina Ziemer-Falke: *Schnüffelspaß für Hunde.* Gräfe und Unzer Verlag, München

Sabine Winkler: *Hunde-Clicker-Box.* Gräfe und Unzer Verlag, München

Adressen im Internet

www.spass-mit-hund.de
Mit vielen Ideen rund um Spiele und Beschäftigung

www.hunde.com
Infos rund um den Hund, Diskussionsforum

www.tierklinik.de
Informationsportal zur Tiermedizin, mit Ratgeber, Notdienst- und Spezialistensuche für den Hund

www.ferien-mit-hund.de
Adressen von Hotels, Ferienhäusern und Ferienwohnungen in Europa

Haftpflichtversicherung

Fast alle Versicherungen bieten auch Haftpflichtversicherungen für Hunde an. Informieren Sie sich bei Ihrer Versicherung.

Die Autoren

Kristina Ziemer-Falke und Jörg Ziemer sind behördlich zertifizierte Hundetrainer mit etlichen Zusatzqualifikationen auf dem Gebiet der Hundeerziehung und Verhaltensberatung. Gemeinsam gründeten sie das Schulungszentrum für Hundetrainer. Seit Jahren und mit stetigem Erfolg widmen sie sich der Aus- und Weiterbildung von Hundetrainern und Hundeverhaltensberatern. An mehreren Standorten sind sie in Deutschland erfolgreich tätig. Als Fachbuchautoren haben sie bereits viele Bücher veröffentlicht und schreiben für Zeitschriften und diverse Magazine. **www.ziemer-falke.de**

Die Fotografin

Anna Aucherbach fotografiert Tiere, insbesondere Hunde, mit großer Leidenschaft. Für die studierte Biologin gehören Hunde schon immer zu ihrem Leben. Sie konnte ihr Hobby zum Beruf machen. Ihre Fotos findet man in Büchern, aber auch in Zeitschriften, Kalendern und auf Puzzles. Neben der Arbeit für Verlage nimmt sie auch private Aufträge an, um die Hunde ihrer Kunden ins rechte Licht zu rücken. Ihre besondere Leidenschaft ist die Outdoorfotografie. Sie erstellt sowohl ausdrucksvolle Hundeporträts als auch spektakuläre Actionaufnahmen in der Natur.
www.hundefotografie.net
Alle Fotos in diesem Buch stammen von Anna Auerbach, mit Ausnahme von:
020: Mauritius Images; Cover, 028: Getty Images; 146: stock.adobe.com; 024 und 070 Grafik: Torben Ziemer

Wir sagen Danke,

all jenen Menschen, die die Veröffentlichung dieses Buches möglich gemacht haben. Dazu zählen besonders Frau Nadja Harzdorf van Wickeren vom Gräfe und Unzer Verlag und Frau Gabriele Linke-Grün für das professionelle Lektorat. Herzlichen Dank für die tolle Zusammenarbeit!
Wir danken unseren Kindern für ihre Geduld und ihr Verständnis und den vielen lieben Menschen, wie unserem Team, an unserer Seite, die uns während des Schreibens immer zur Seite standen.
Unser Dank gilt allen Hundefreunden, die engagiert an sich arbeiten, um Hunde besser zu verstehen, und ihnen ein artgerechtes und glückliches Leben ermöglichen wollen. Ein großes Dankeschön außerdem an unsere Kunden und Teilnehmer, die für uns immer eine Quelle der Inspiration sind, uns beschwingen und vorantreiben.
Und natürlich ein herzliches Dankeschön an unsere treuen Leser. Und an Anna Auerbach für die vielen tollen Aufnahmen, die dieses Buch so lebendig machen.

Widmung

Dieses Buch ist allen Hunden und Hundehaltern gewidmet, die unser Leben so unendlich bereichern. Und das jeden Tag!

DIE WERDEN SIE AUCH LIEBEN.

ISBN 978-3-8338-7096-5

ISBN 978-3-8338-7095-8

ISBN 978-3-8338-6252-6

ISBN 978-3-8338-7282-2

ISBN 978-3-8338-6137-6

ISBN 978-3-8338-5391-3

 Auch als eBook erhältlich.

Mehr von GU auf **www.gu.de** und **facebook.com/gu.verlag**

Impressum

© 2020 GRÄFE UND UNZER VERLAG GmbH, München
Alle Rechte vorbehalten. Nachdruck, auch auszugsweise, sowie Verbreitung durch Film, Funk, Fernsehen und Internet, durch fotomechanische Wiedergabe, Tonträger und Datenverarbeitungssysteme jeglicher Art nur mit schriftlicher Genehmigung des Verlages.

Projektleitung: Gabriele Linke-Grün, Anita Zellner
Lektorat: Gabriele Linke-Grün
Bildredaktion: Petra Ender, Natascha Klebl (Cover)
Umschlaggestaltung und Layout: independent Medien Design, Horst Moser, München
Herstellung: Susanne Fuhrmann
Satz: Christopher Hammond
Reproduktion: Longo AG, Bozen
Druck und Bindung: Drukarnia Dimograf, Polen

ISBN 978-3-8338-7124-5

1. Auflage 2020

Wichtige Hinweise

Die Haltungsregeln in diesem Buch beziehen sich auf gesunde und charakterlich einwandfreie Hunde. Es gibt Hunde, die aufgrund mangelhafter Sozialisierung oder schlechter Erfahrung mit Menschen in ihrem Verhalten auffällig sind und eventuell zum Beißen neigen. Solche Tiere sollten nur von Hundekennern gehalten werden.

LIEBE LESERINNEN UND LESER,
wir wollen Ihnen mit diesem Buch Informationen und Anregungen geben, um Ihnen das Leben zu erleichtern oder Sie zu inspirieren, Neues auszuprobieren. Wir achten bei der Erstellung unserer Bücher auf Aktualität und stellen höchste Ansprüche an Inhalt und Gestaltung. Alle Anleitungen und Rezepte werden von unseren Autoren, jeweils Experten auf ihren Gebieten, gewissenhaft erstellt und von unseren Redakteuren/innen mit größter Sorgfalt ausgewählt und geprüft.

Haben wir Ihre Erwartungen erfüllt? Sind Sie mit diesem Buch und seinen Inhalten zufrieden? Haben Sie weitere Fragen zu diesem Thema? Wir freuen uns auf Ihre Rückmeldung, auf Lob, Kritik und Anregungen, damit wir für Sie immer besser werden können. Und wir freuen uns, wenn Sie diesen Titel weiterempfehlen, in Ihrem Freundeskreis oder bei Ihrem online-Kauf.

Sollten wir Ihre Erwartungen so gar nicht erfüllt haben, tauschen wir Ihnen Ihr Buch jederzeit gegen ein gleichwertiges zum gleichen oder ähnlichen Thema um.

KONTAKT
GRÄFE UND UNZER VERLAG
Leserservice
Postfach 86 03 13
81630 München
E-Mail: leserservice@graefe-und-unzer.de

Telefon: 00800 / 72 37 33 33*
Telefax: 00800 / 50 12 05 44*
Mo–Do: 9.00–17.00 Uhr
Fr: 9.00–16.00 Uhr
(*gebührenfrei in D,A,CH)

 www.facebook.com/gu.verlag